餐饮行业职业技能培训教程

精品面塑制作技术

JINGPIN MIANSU ZHIZUO JISHU

艺术顾问 贺 峰

主　　编 卫兴安

副 主 编 杨刚刚 延江海 张华彬

参编人员 张 帆 刘 杰 李 冬 陈丽平 穆宝军 常小军 杜小冬 吴会山 王智广

中国轻工业出版社

图书在版编目（CIP）数据

精品面塑制作技术 / 卫兴安主编. —北京：中国轻工业出版社，2024.9

餐饮行业职业技能培训教程

ISBN 978-7-5019-8012-3

Ⅰ. ①精… Ⅱ. ①卫… Ⅲ. ①面塑—菜谱—装饰雕塑—技术培训—教材 Ⅳ. ①TS972.114

中国版本图书馆CIP数据核字（2010）第260061号

责任编辑：史祖福　　责任终审：劳国强　　设计制作：锋尚设计

策划编辑：史祖福　　责任校对：郎静瀛　　责任监印：张　可

出版发行：中国轻工业出版社（北京鲁谷东街 5 号，邮编：100040）

印　　刷：艺堂印刷（天津）有限公司

经　　销：各地新华书店

版　　次：2024年9月第1版第9次印刷

开　　本：889 × 1194　1/16　印张：7

字　　数：160千字

书　　号：ISBN 978-7-5019-8012-3　定价：39.00元

邮购电话：010-85119873

发行电话：010-85119832　010-85119912

网　　址：http://www.chlip.com.cn

Email：club@chlip.com.cn

241566J4C109ZBW

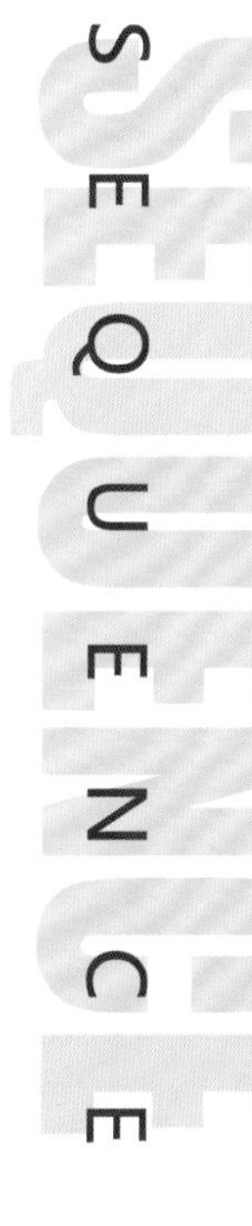

序

文化遗产是一个民族或一个地域有别于其他民族和地域的标志之一。我国有着悠久的文明历史和丰富的文化遗产，其中有相当数量非物质文化遗产，随着时代的发展正濒临消亡！

鉴于此，抢救非物质文化遗产的活动在全世界如火如荼地展开，这是一件民族的盛事，对相关文化传承者以极大鼓舞。

面塑艺术，至今已有两千多年的历史，归属于我国非物质文化的范畴。据考证，早在汉代的迎神赛会上的傩舞就是以面团塑造鬼怪头像的；新疆吐鲁番的唐代墓葬中出土的面质女俑头像和半身男俑；宋代的《东京梦华录》也对面塑进行了记载。很多史料都证明，古时的面塑艺术品是多用于祭祀、庆典等活动。再后来，面塑也就是“面人儿”，开始进入了“耍货”的行列，成为集镇上现做现卖，博人一乐的小玩意儿！

“小玩意”可以做出大文章。新中国成立以后，中央工艺美院为名震京城的面人汤——汤子博老先生设了专门工作室，面人也因其深厚的文化积淀与至高的艺术品位而一度作为我国的国际交往礼品！

如今的面塑艺术品，又在烹饪艺术工作者手中得到广泛的传播与应用，为大型酒楼或星级酒店的高档宴席增色不小。

我的学生卫兴安，在随我学习了食品雕刻之后，又随王玓和萧占行两位大师研习面塑艺术。如今他的面塑作品虽不够称造诣如何高深，但构图明晰、畅顺可鉴，今结集出版，旨在交流，既可雅俗共赏，又可为面塑艺术这一文化遗产添点新绿！余成此序，致贺意，愿精进！

贺峰

2010年10月于云中半坛儿斋

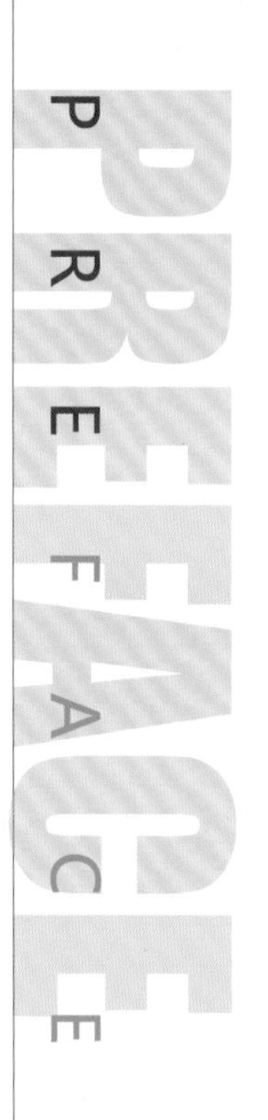

前言

“艺术与艺术是相通的”。这句话说的是不同的艺术在原理、理念、构图、审美等方面都是相互有关联的。当初在我学习食雕和面塑的时候，乃至如今偶然间有幸听取一回教诲的时候，这句话总是时不时地会在我的耳畔响起，我对这句话的含义也深有体会！

早些年，我在随快刀贺——贺峰老师学习食雕时，他就常提“艺术相通”，并且告诉我有了食雕基础再学习面塑就容易多了，也就像有了面塑基础再去学习食雕一样，难就难在你如何把它做好、做精、做出生命！

是的，这便是我一向努力的方向！后来我便无师自通地开始塑造面人，一时间也是好评褒奖之言不绝于耳。但不怕不识货，就怕货比货，在我又随王玓和萧占行两位老师进修了面塑之后，我对“难就难在做出生命”这句话才有了真正的理解。

现在拙作面世，这里边融入了我几位老师和我乃至我好多学生的创作思想，这又说明：艺术只有在相互学习的基础上才能有更高的升华。

我真诚地希望我的这本书能给初学者或多或少地带去点有益的东西，同时更希望能得到业内同仁的指正和赐教。

最后我还要特别感谢我的老师贺峰先生，在本书出版过程中的指点和教导。

卫兴安

2010年10月

主编简介

卫兴安

卫兴安，山西临汾浮山县人，中国烹饪协会会员，山西省烹饪协会会员，山西省民间工艺美术家协会会员。精于食品雕刻与面塑艺术，实践经验和教学经验丰富。

雕刻方面师从快刀贺（贺峰）先生。

面塑方面先后师从中国工艺美术大师王玓老师和中国面塑大师萧占行老师。

自从艺以来，广习众家，潜心钻研，风格更为独特，作品更为实用。

2005年获中国饭店协会首届全国食雕大赛“金刻刀奖”。

2005年获第三届国际食神争霸“金奖”。

2006年创办山西兴安面塑食雕艺术培训中心，据守龙城，放眼业内，以授艺方式自娱并育人。

2006年获青岛第十六届萝卜雕刻大赛“十大雕刻状元”称号。

2008年获中、加、美国际烹饪大赛，华北赛区“金勺奖”。

2008年春开办“山西面塑食雕网”。

交流热线：13834041983
0351-7822101

副主编简介

杨刚刚

杨刚刚，山西运城人。2005年入厨学习山西面食制作，专攻山西面食艺术表演，尤其善于独轮车头顶刀削面、龙须大拉面、长寿一根面和关公扯面的表演制作，先后多次到北京、杭州、武汉等地进行山西面食的表演制作。

2008年进入山西兴安面塑食雕培训中心学习面塑食雕艺术。

延江海

延江海，山西晋城人。2003年入厨学习烹调技术，先后在多家酒店事厨，现为专职食品雕刻师。

2007年师从卫兴安老师学习食雕、面塑艺术，更加精通食雕、泡沫雕等。入学以来专心学习，潜心钻研，对每一件作品都细心思量，举一反三，并大胆融入自己的思想，特别是雕刻方面，作品风格简洁、大方、实用。先后多次在省、市、集团公司等食雕大赛中获第一、第二名。

张华彬

张华彬，山西阳泉人，2006年进入山西省经贸学校烹饪系学习厨艺，在校期间学习刻苦，成绩优异，曾多次代表学校参加全国和省市级职业院校技能大赛，得到老师和学校的一致好评。

2007年进入山西兴安面塑食雕培训中心学习食品艺术，雕刻、面塑并进。

2009年获全国第六届烹饪技能大赛食雕金奖，山西省第五届烹饪大赛食雕特金奖，而后又代表山西省参加全国职业院校技能大赛，并获一等奖。

目录

CONTENTS

第一部分 面塑基础知识

第二部分 面塑制作图解

第三部分 面塑精品展示

第一部分

面塑基础知识

常用工具及使用

俗话说得好“手巧不如家什妙”，工具就是艺人的第二双手，所以有必要认识一下工具。现在面塑手法五花八门，各有所长，而手法的不同，所用的工具样式也各不相同。首先让我们来认识一下面塑的常用工具及应用。

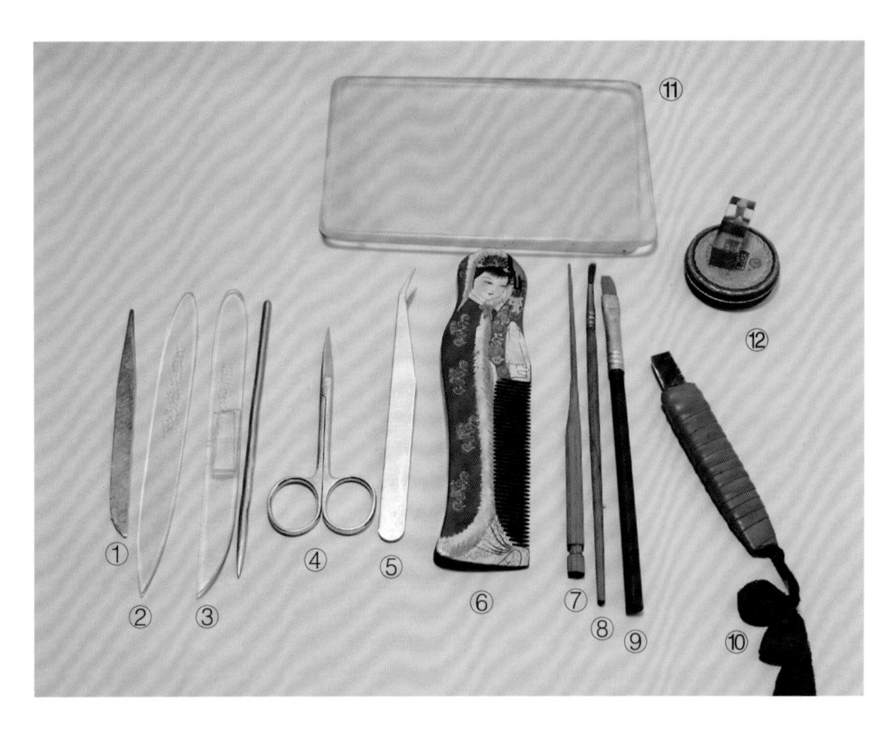

①②③ 拨子
④ 剪刀
⑤ 镊子
⑥ 梳子
⑦ 竹签
⑧⑨ 画笔
⑩ 小刀
⑪ 有机板
⑫ 印泥，印章

1 拨子

它的材质是不锈钢，一头形状为刀刃状，它的作用主要以“切”为主。而另一头的形状很尖，适合做一些很细小、很精致的部位，如眼睛的处理。

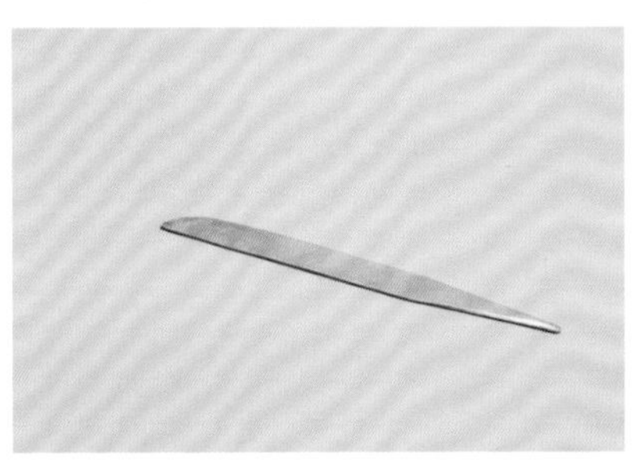

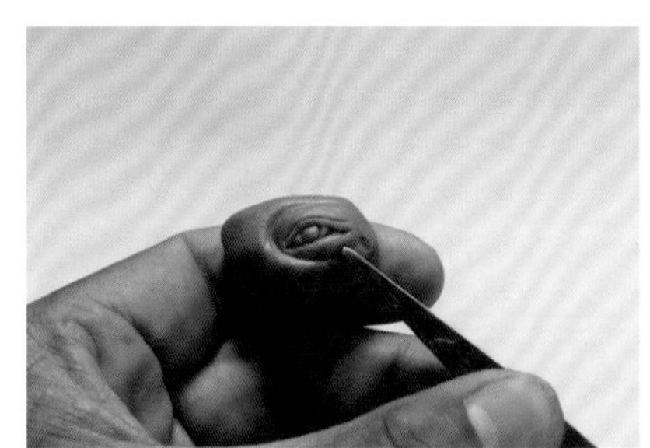

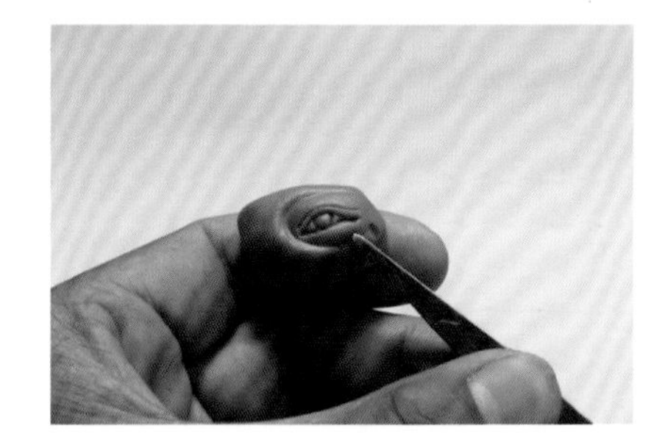

2 拨子

它的质地是亚克力，它在制作人物脸部的时候用处最大，是面塑的主刀。另一头的形状呈尖形，作用以“挑”“划”为主。

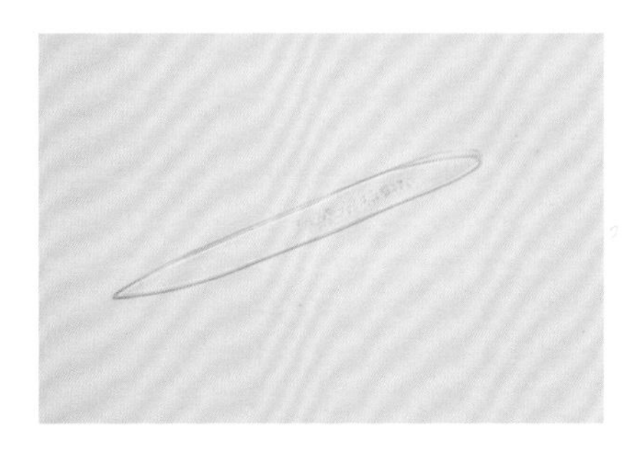

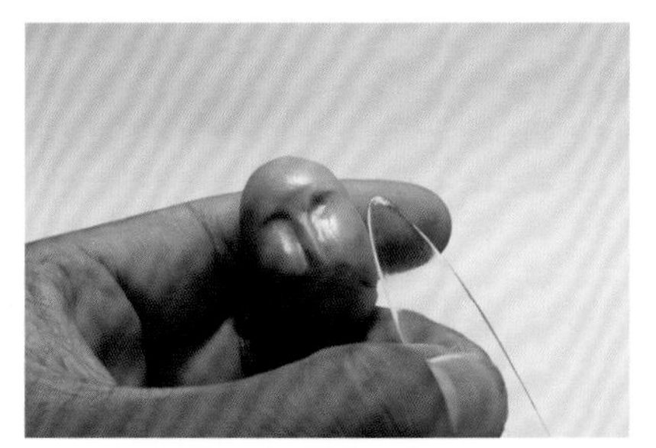

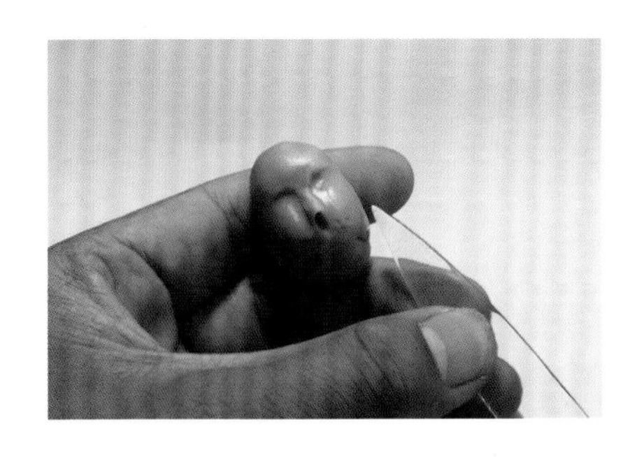

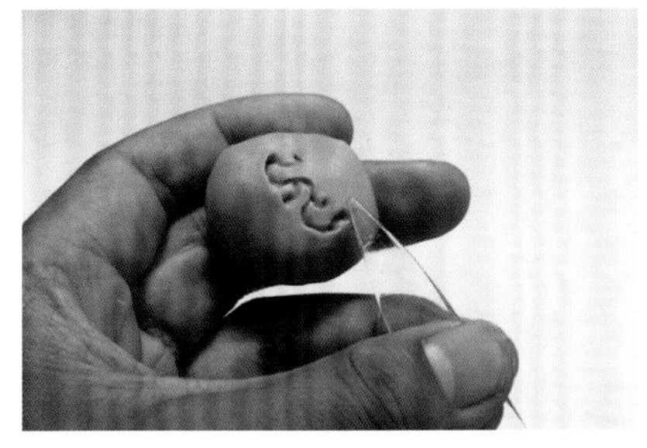

3 拨子

它的质地也是亚克力，它的形状一边是刀刃状，一边是半圆形，它在制作衣服衣褶时，作用是最显著的。

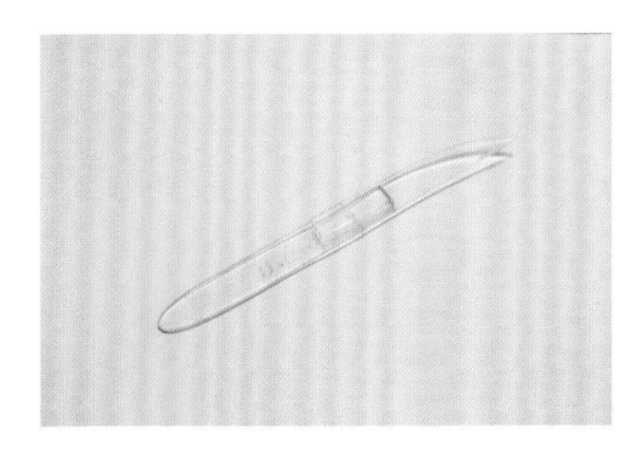

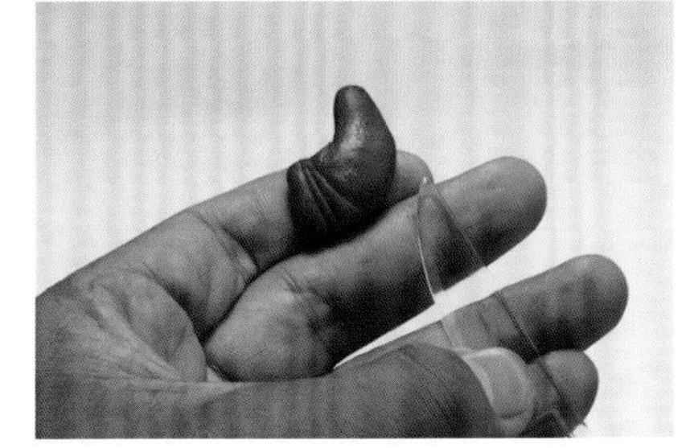

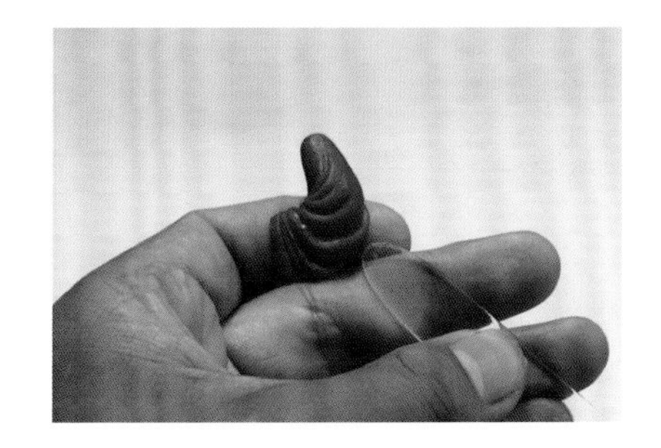

4 剪刀

剪刀适用于做人物头发、胡须、手脚，也可用于剪裁人物衣服、飘带。

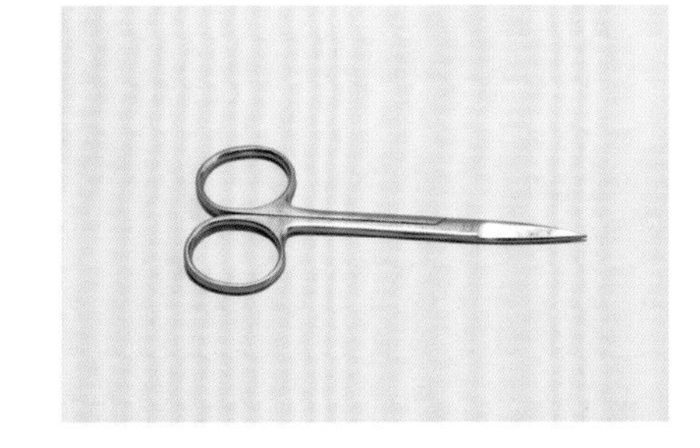

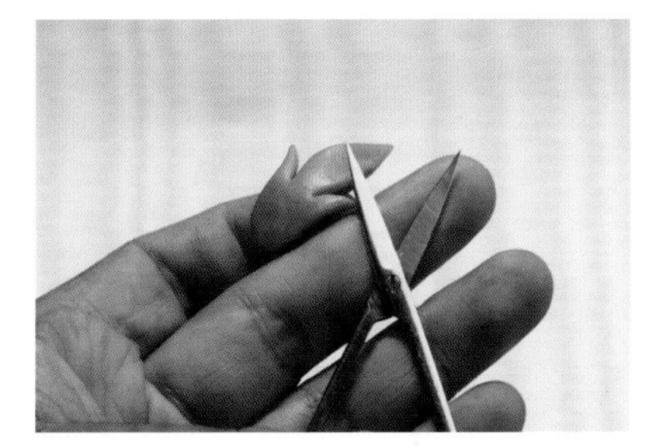

5 镊子

在做人物鼻子时，用它夹一下鼻梁，能让鼻梁更挺拔。

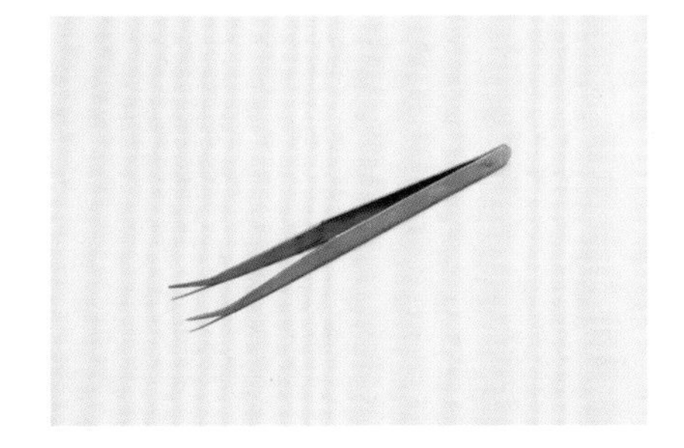

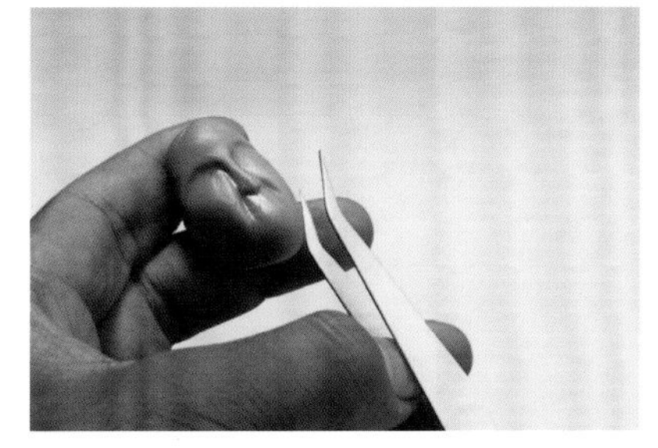

6 梳子

它的作用也很大，可以用它来做串珠，武将盔甲的花纹等。

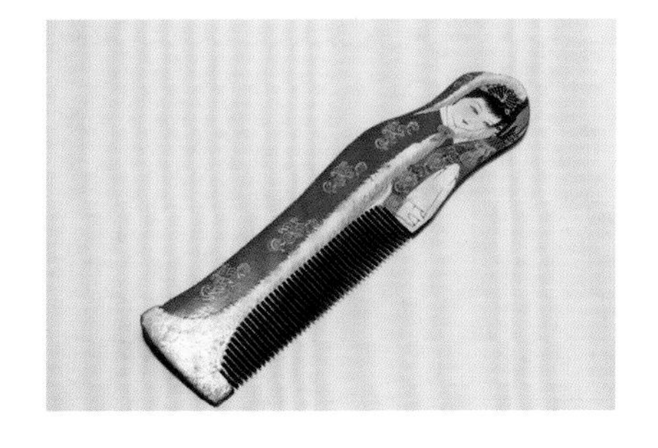

7 竹签

在制作作品时可用它来支撑作品。

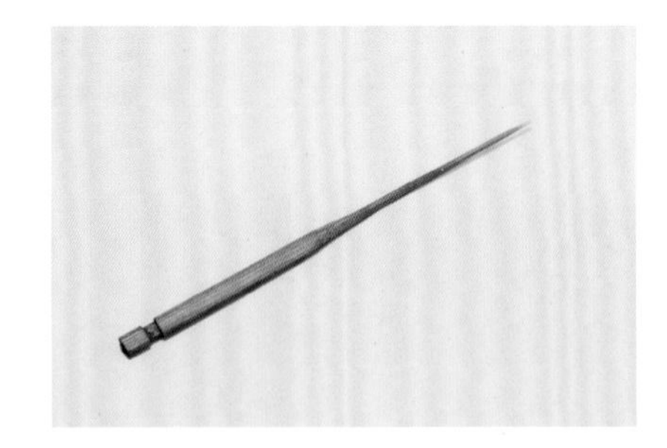

8，9 画笔

大小画笔各一支，在制作作品的过程中用以刷水，绘制图案等。

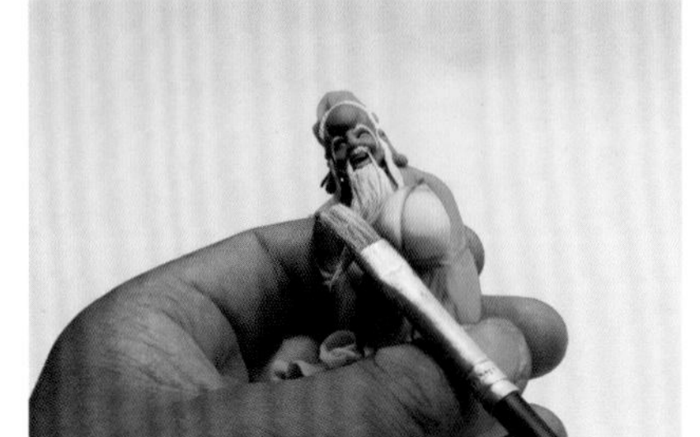

10 小刀

它主要用来对竹签进行再处理，如削尖、截断。

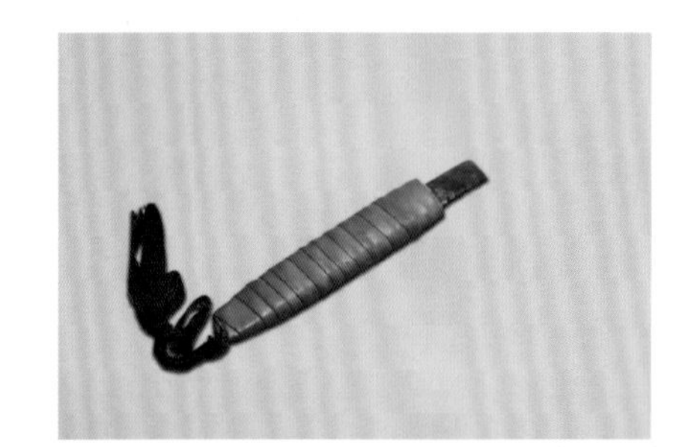

11 有机板

它的作用也不小，可以压制花瓣、衣服片，也可以当工作台来使用。

12 印章，印泥

它标志着一件作品的完成，为制作人留名和点缀整体作品的效果。

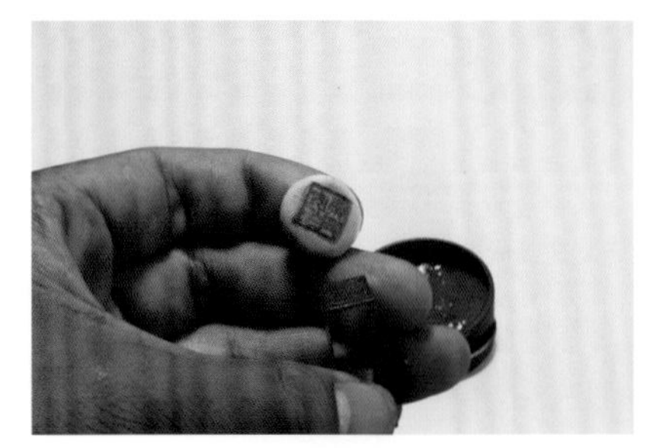

面塑面团的制作

面塑，以面为原料加以雕、塑而成的作品。

调制面塑面团是面塑制作的首要条件。

下面介绍一下面团的制作过程和原理。首先是面团调制的比例：低筋面500克，糯米粉100克，苯甲酸钠30克，盐10克，温水500克。制作过程：把所有原料称好，放入盒中加水和匀，装入食品袋，（醒）半小时，上笼蒸30分钟即可。

刚蒸好的面筋太大，不便使用，存放一周左右即可使用。

1 蒸好的面团

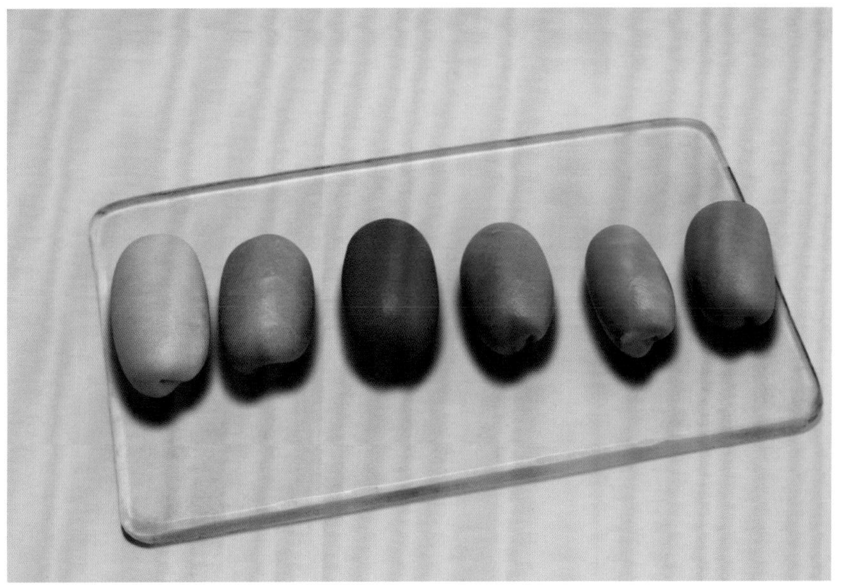

2 上好色的面团

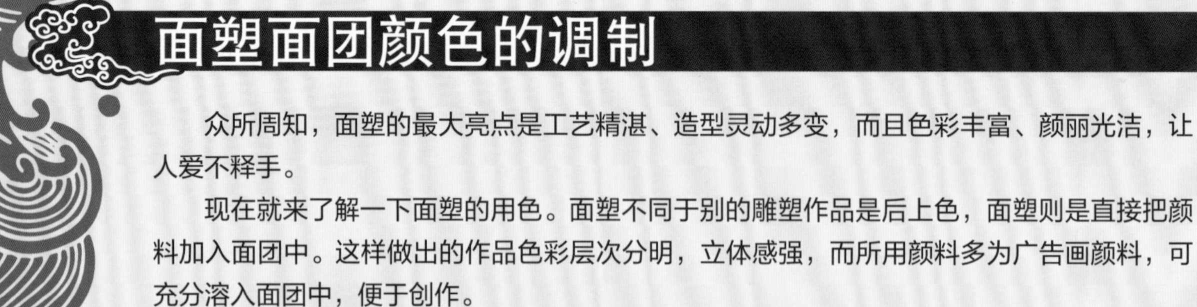

面塑面团颜色的调制

众所周知，面塑的最大亮点是工艺精湛、造型灵动多变，而且色彩丰富、颜丽光洁，让人爱不释手。

现在就来了解一下面塑的用色。面塑不同于别的雕塑作品是后上色，面塑则是直接把颜料加入面团中。这样做出的作品色彩层次分明，立体感强，而所用颜料多为广告画颜料，可充分溶入面团中，便于创作。

面塑中常用的颜色有大红、柠檬黄、蓝、黑、白等。

面团调制颜色时先将面团揉光洁，按薄，加颜料少许，揉匀。色彩不够时，再分数次少量加入颜料，这样颜料不会外流、不浪费、不上手，而且能与面团充分融合，不会出现色彩深浅不一等问题。加好颜色的面团揉匀、揉光，放入盒中备用即可。

1. 广告画颜料

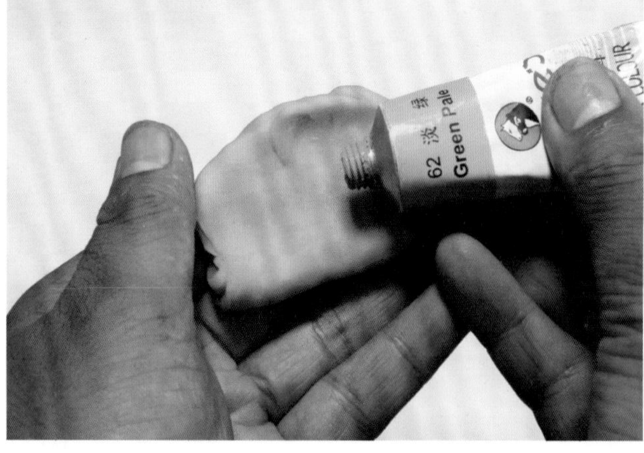

2. 面团按薄，加入颜料

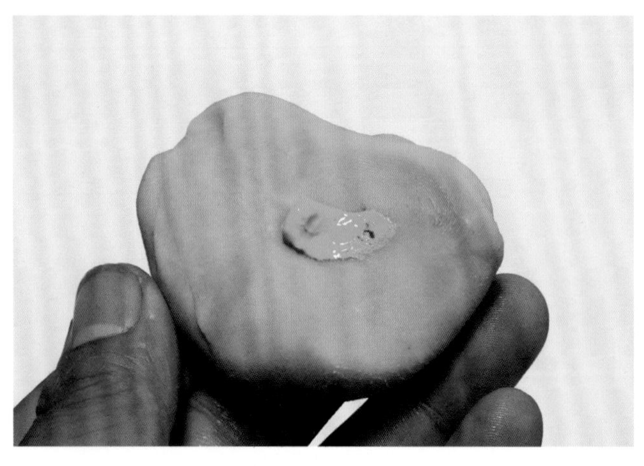

3. 揉制面团后，颜色不够时，再加入颜料

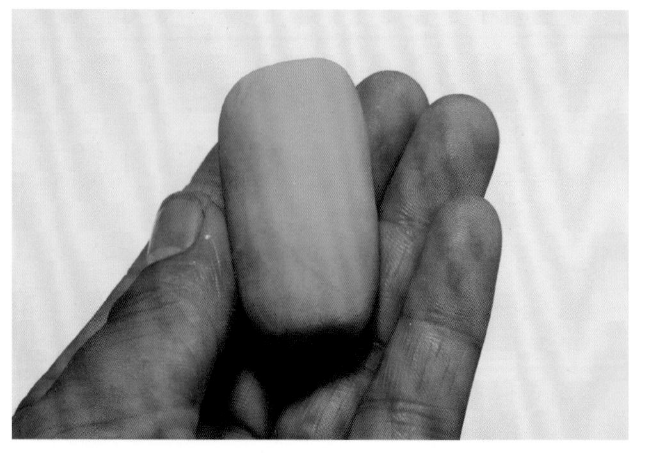

4. 彩色面团揉制均匀后

第二部分

面塑制作图解

吉祥物件面塑制作图解

分步图解

1. 用铁丝做出云彩的骨架

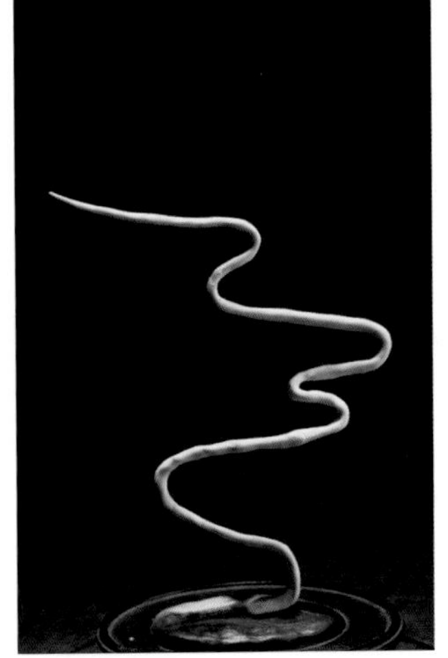

2. 包上白色面团

3. 在根部用面团做出假山

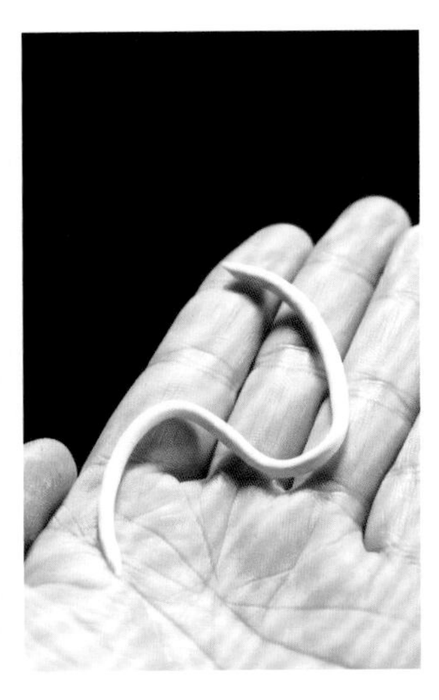

4. 另取白色面团，搓成长条

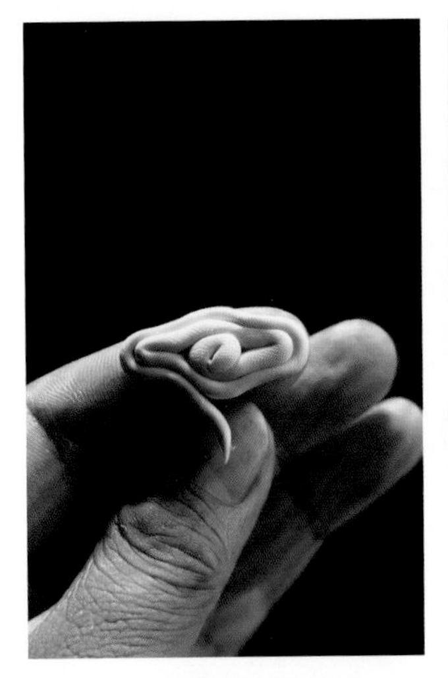

5. 卷成云彩的形状

6. 做两个组，装在一起

7. 做出多组云彩

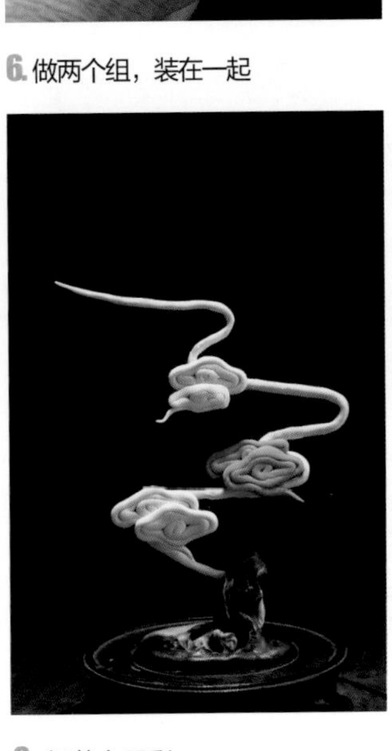

8. 组装上云彩

9. 再做出一个太阳，装上

如意
RuYi

分步图解

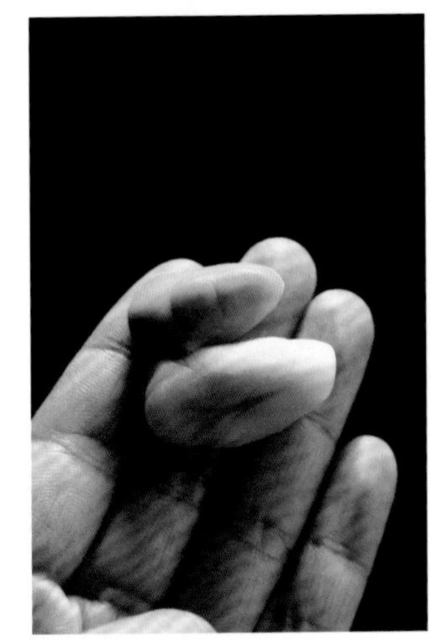

1. 取绿色面团和本色面团各一块

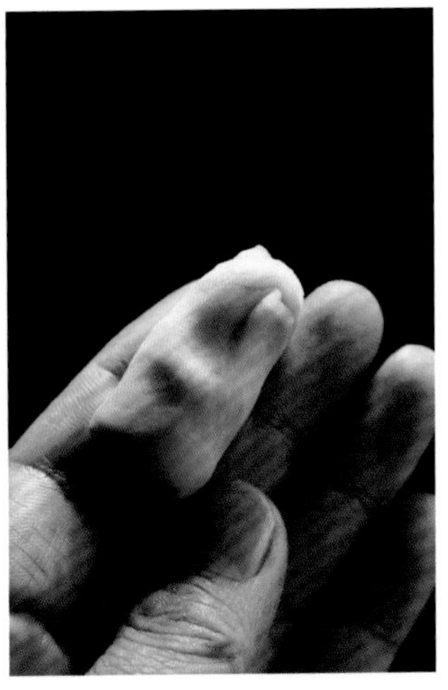

2. 混合两色面团，注意不要完全混合

3. 搓成长条，按成薄片

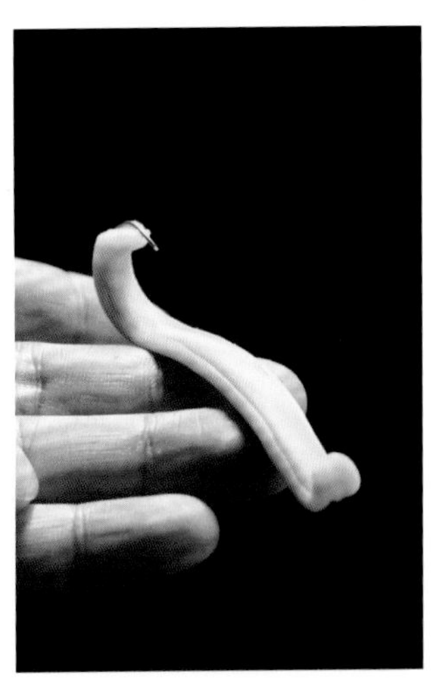

4. 弯曲成如意柄的形状

5. 另取一块面团做如意头

6. 做出花瓣状

7. 用橙色面团做花心

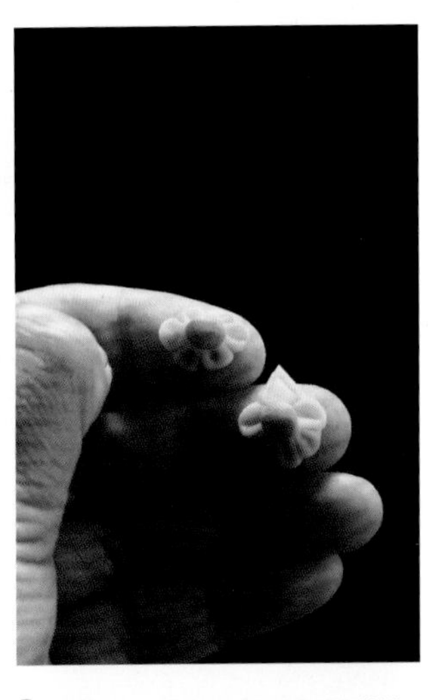

8. 再做出下边的头和中间的装饰

9. 装上三朵花

10. 将花心刷上金色

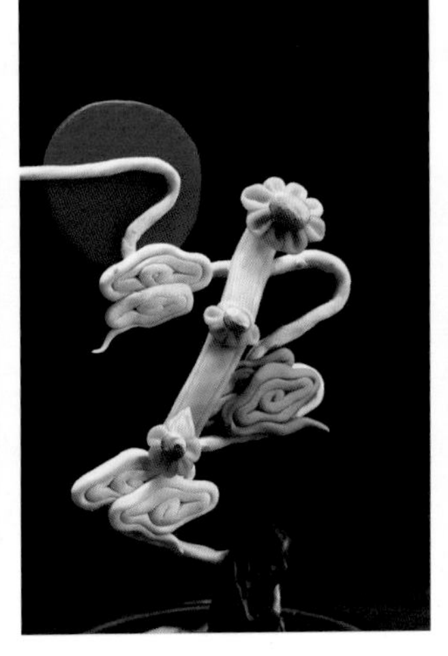

11. 将如意安装在云彩上

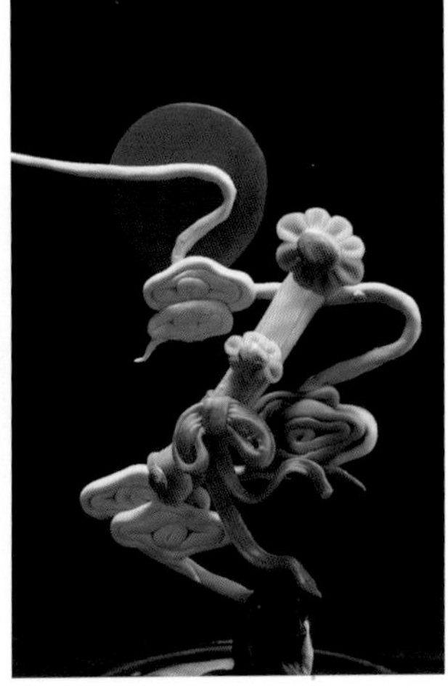

12. 做出蝴蝶结装上即可

分步图解

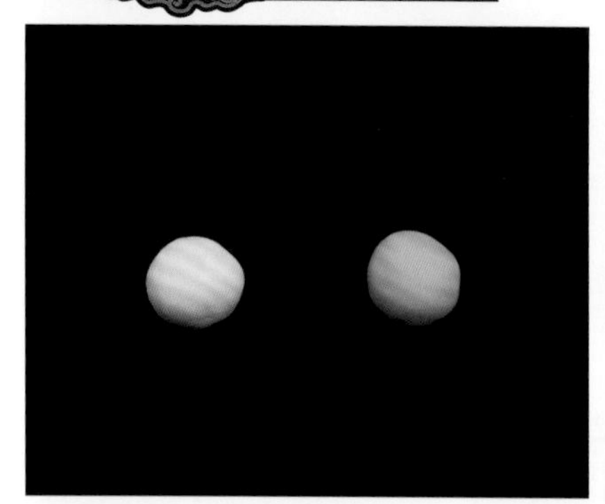

1. 取蓝色和白色两块面团

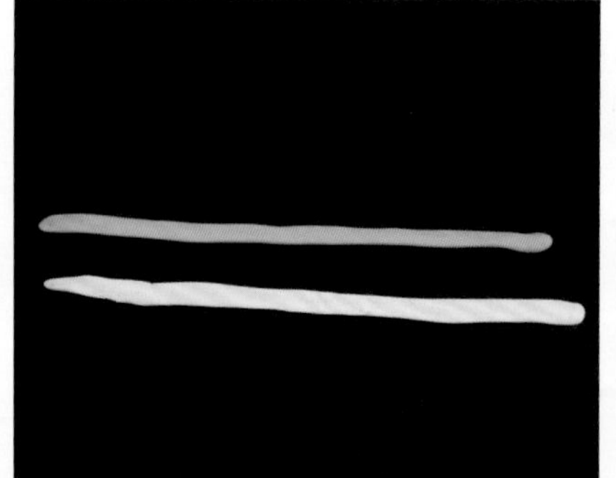

2. 搓成长条，压成薄片

3. 将两色面团重叠，做出V形

4. 按以上方法卷出多组水浪

5. 将水浪组装在一起，并粘上白色水珠

花卉面塑制作图解

分步图解

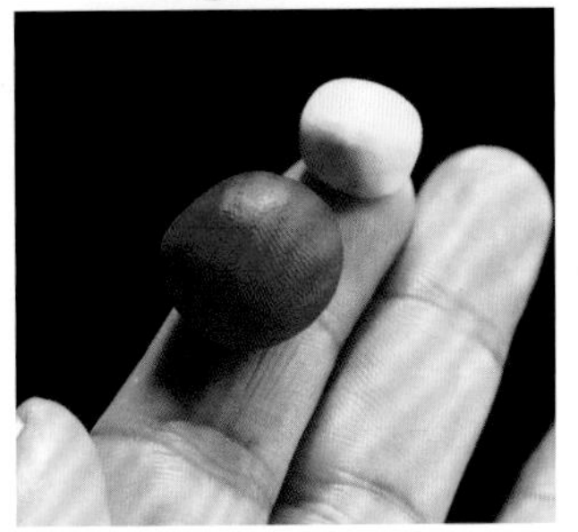
1. 取红、黄两色面团

2. 把黄色面团按成薄片包上红色面团

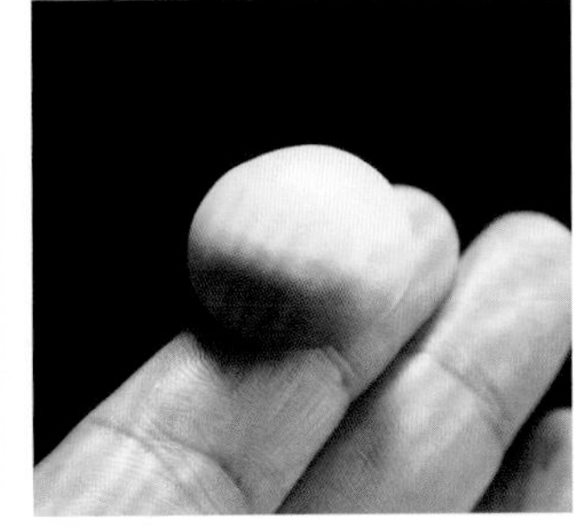
3. 做成馒头状

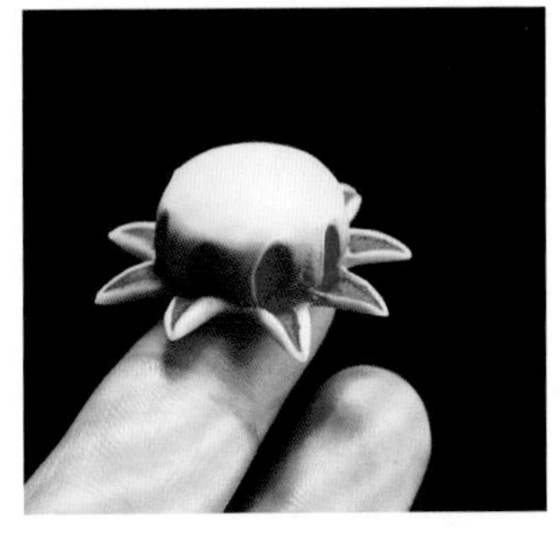
4. 用剪刀剪出第一层花瓣

5. 继续剪花瓣，直到剪完

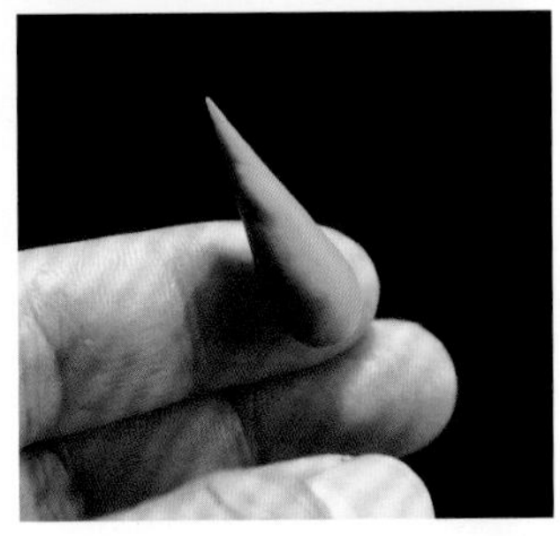
6. 用绿色面团搓成水滴状，做叶子

7. 将面团按扁后切出叶脉

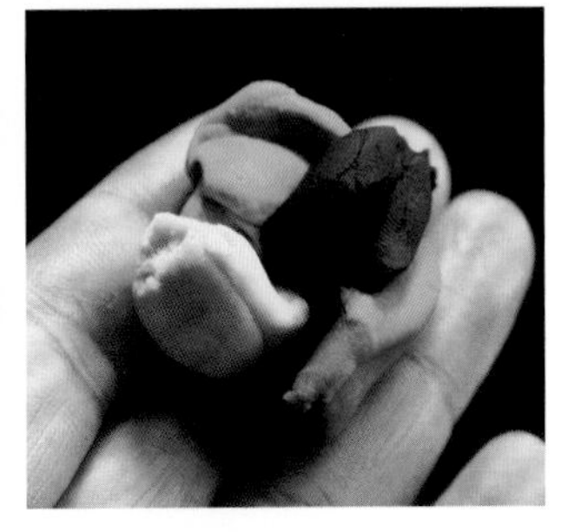
8. 取各色面团

9. 做出山石

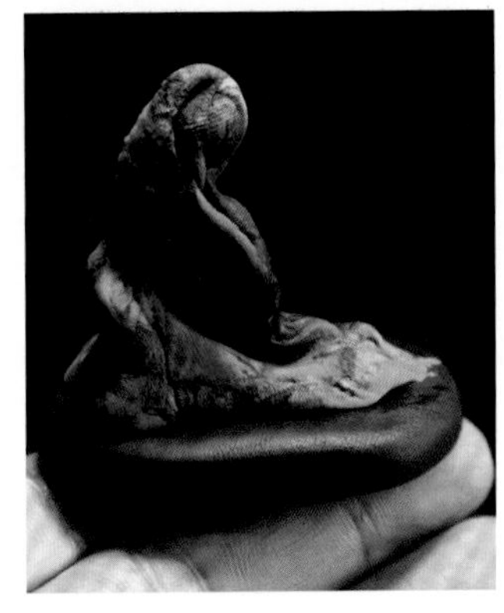
10. 用咖啡色面团做出底座

11. 用绿色面团做出枝条

12. 将花朵、花叶组装成型

粉荷花
FenHeHua

分步图解

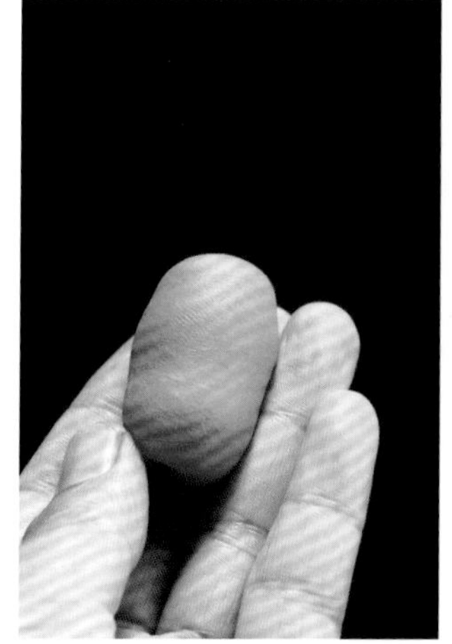

1. 取一粉色面团

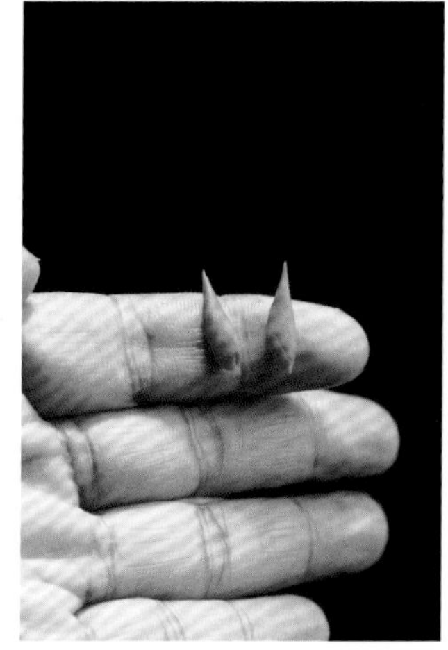

2. 做成水滴状

3. 按成薄片，依次做出10片花瓣

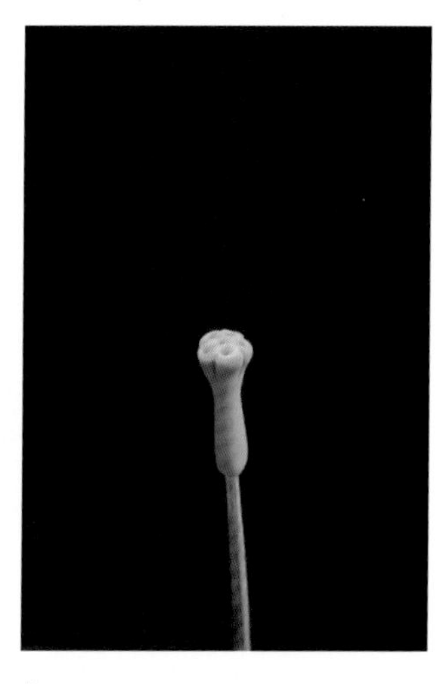

4. 用绿色面团做出莲蓬

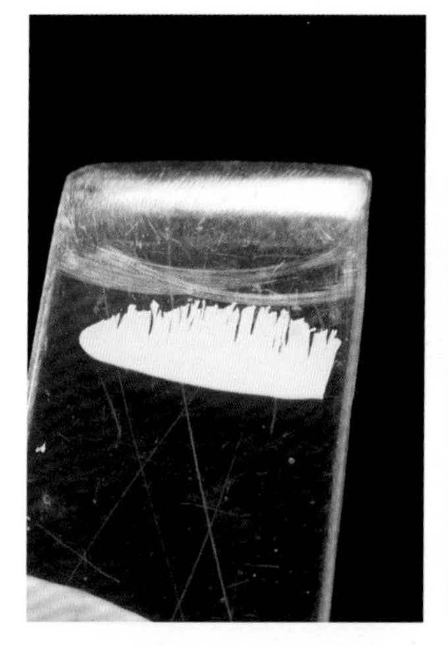

5. 用黄色面团压成薄片切细丝

6. 围在莲蓬四周做花蕊

7. 粘上第一层五片花瓣

8. 粘上第二层花瓣，整好花形

9. 用黑、白、红色面团混合做出一块山石

10. 用绿色面团做出花梗，用白色面团做出一段藕放在山石上

11. 做出荷叶

12. 将荷花、荷叶进行组装成型，用绿色面团做小草点缀

蓝玫瑰
LanMeiGui

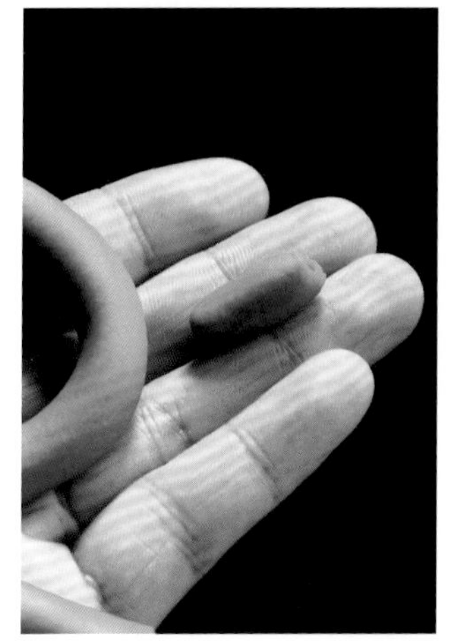

1. 取蓝色面团搓成条，下长形小段

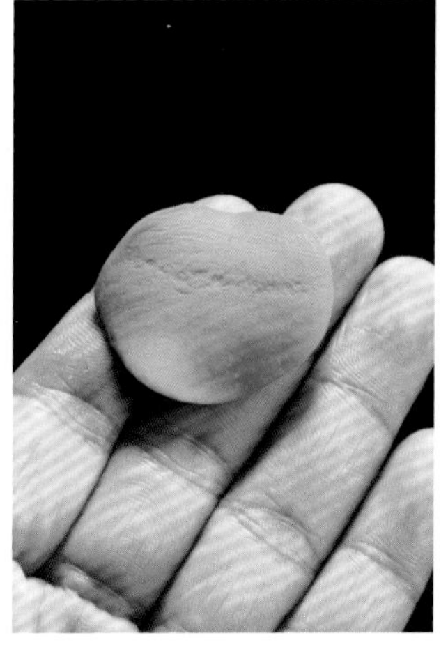

2. 按成椭圆形薄片花瓣，共按五片

3. 另取一块面团做花心

4. 从外向里包上第一片花瓣

5. 和第一片呈相对的方向，包上第二片花瓣

6. 按此法包上剩余的三片花瓣

7. 用绿色面团做出叶子

8. 组装上叶子

9. 在花瓣边上刷上金色闪光粉

10. 用相同的方法做出三朵玫瑰组装在一起

11. 用红色面团做出一个蝴蝶结装在花朵底部即可

红牡丹
HongMuDan

分步图解

1. 取一块大红色面团，搓成长条，下长形小段

2. 按成薄片

3. 搓成花瓣形状，做出10片花瓣

4. 组合成型

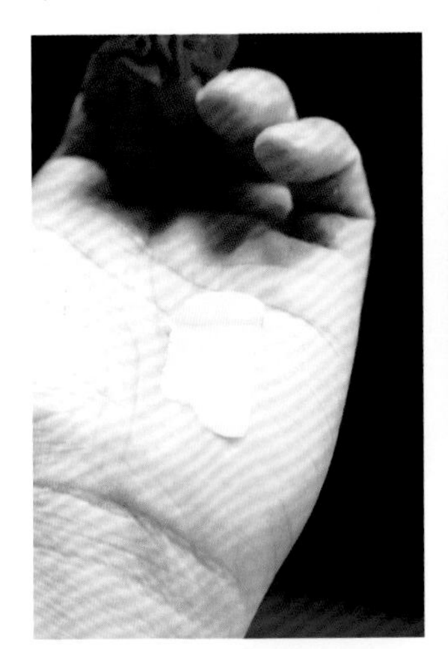

5. 用黄色面团，按成薄片

6. 做花心

7. 另做一个小花朵

8. 用各色面团混合做出山石

9. 用绿色面团做枝干

10. 用绿色面团搓成水滴状，做叶子

11. 切开，呈鸭掌形，按薄，并切出叶脉

12. 组装成型

马蹄莲
MaTiLian

分步图解

1. 取一块粉红色面团

2. 搓成水滴状

3. 按成桃形薄片

4. 用黄色面团做花蕊

5. 把花瓣卷在花蕊四周呈马蹄莲花形

6. 用各色面团混合做山石

7. 用绿色面团做花梗，组装上花朵

8. 用绿色面团搓成水滴状

9. 按成薄片，切出叶脉做叶子

10. 组装成型

金边月季花
JinBianYueJiHua

分步图解

1. 用蓝、白两色面团混合

2. 做出一个花盆

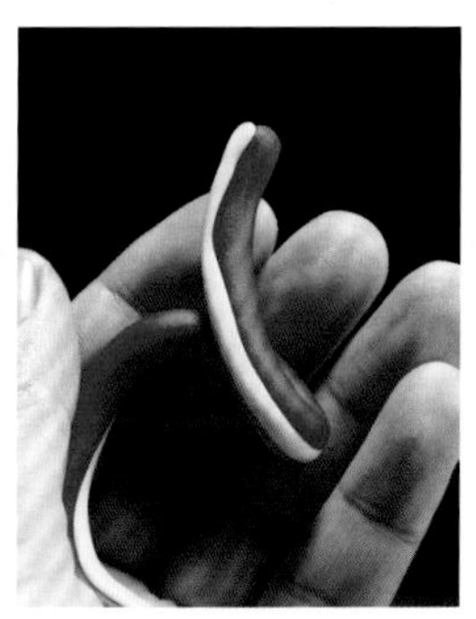

3. 用黄、红色面团混合搓长条

4. 下小剂

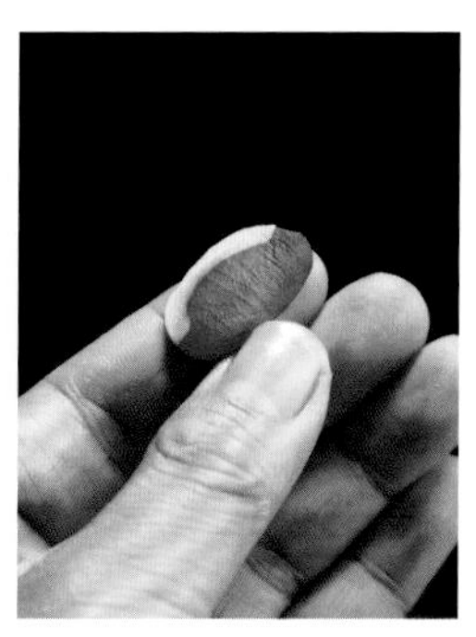

5. 压成椭圆形薄片，做花瓣，共做10片

6. 另取一块红色面团做花心

7. 从外向里包上第一片花瓣，注意黄色花边向上

8. 和第一片呈相对方向包上第二片花瓣，成第一层

9. 第二层三片花瓣平分一圈粘上，整好花边

10. 第三层五片花瓣围一圈，塑好花边形状

11. 用绿色面团搓成水滴状，做叶子

12. 按成薄片，切出叶脉即成

13. 用绿色面团做出花枝

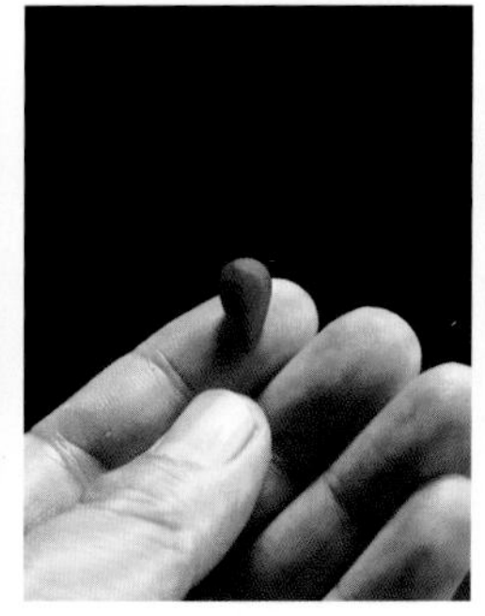

14. 用大红色面团搓成倒水滴状，做花蕾

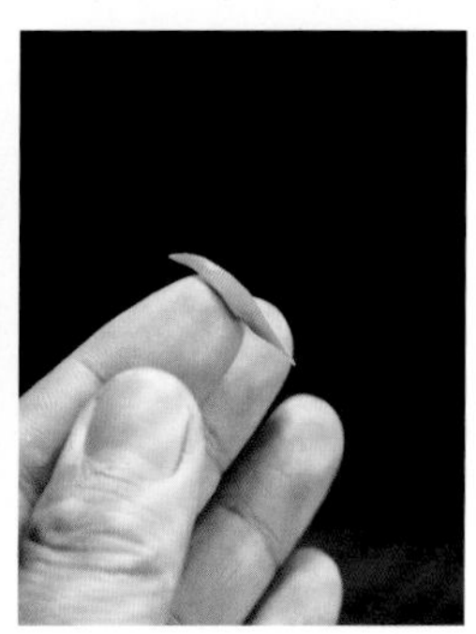

15. 用绿色面团做小叶

16. 装上小叶

17. 组装上花蕾

18. 将其余花朵、花叶组合成型

动物面塑制作图解

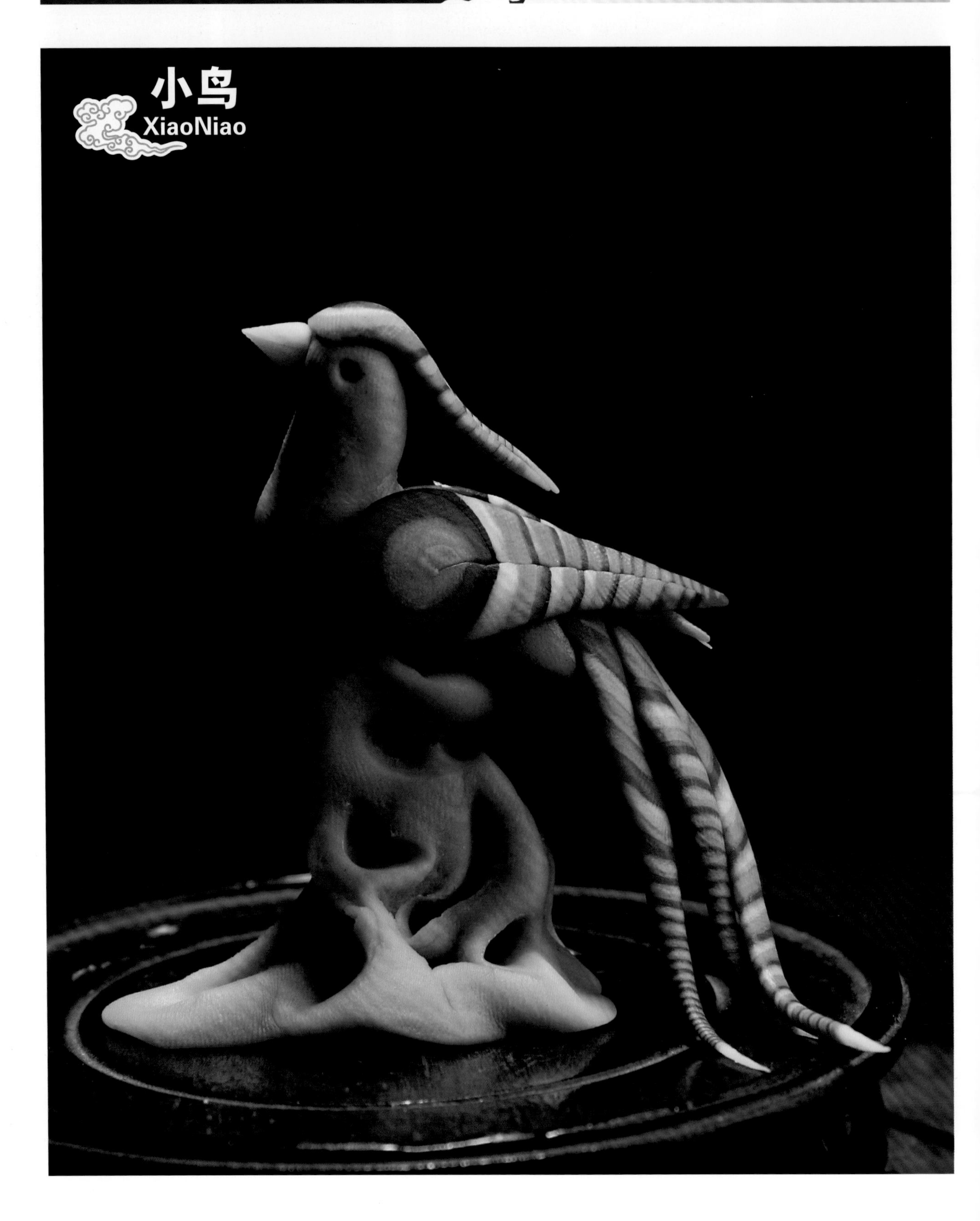

分步图解

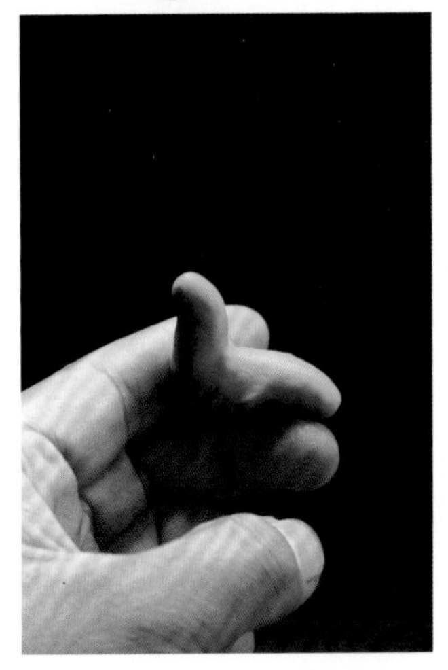

1. 用蓝色面团做出小鸟的身体大形

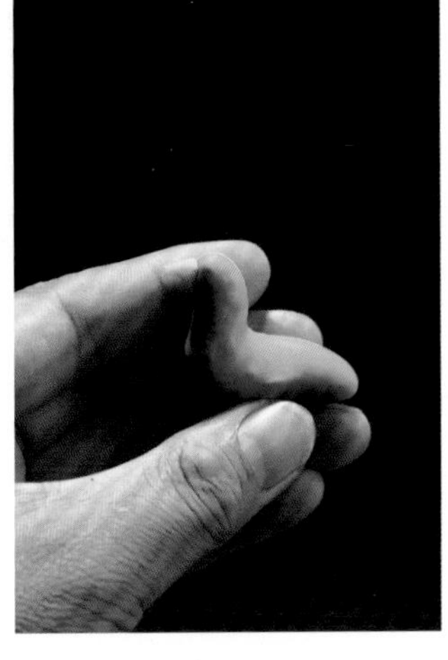

2. 用黄色面团做嘴

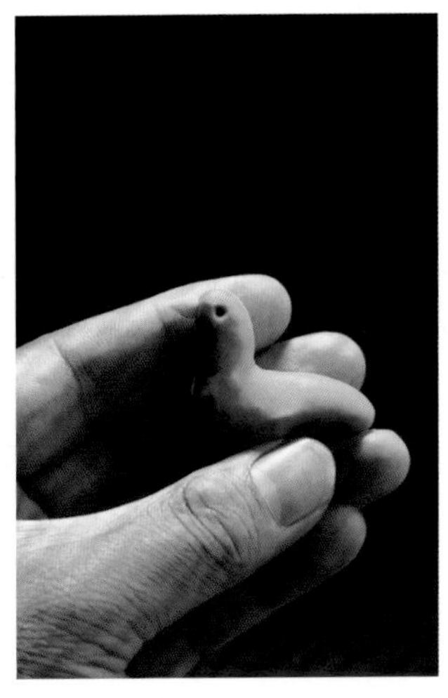

3. 做出眼睛

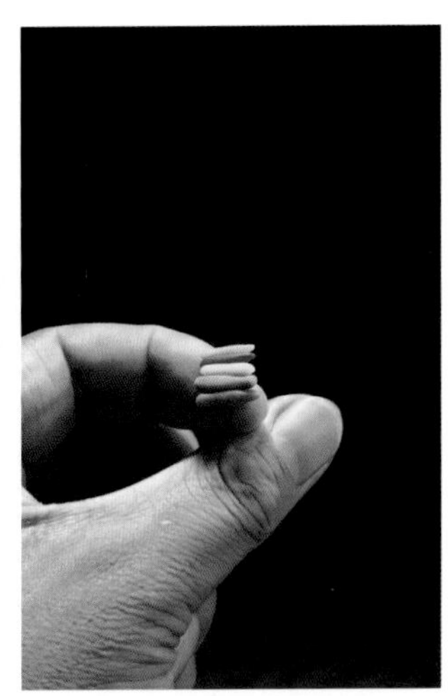

4. 用多色面团按在一起

5. 搓成彩色长条

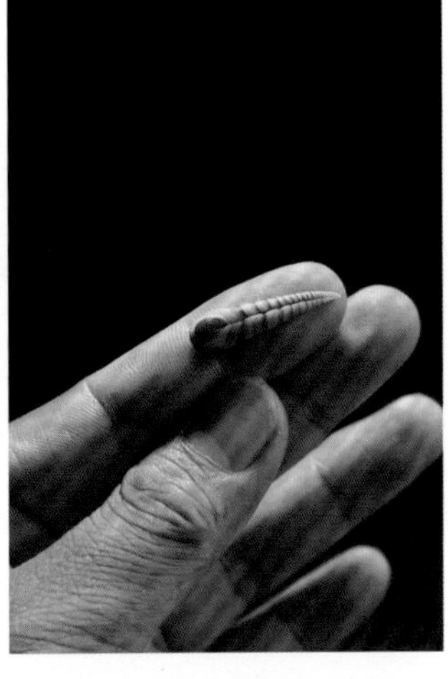

6. 将长条对折，按薄

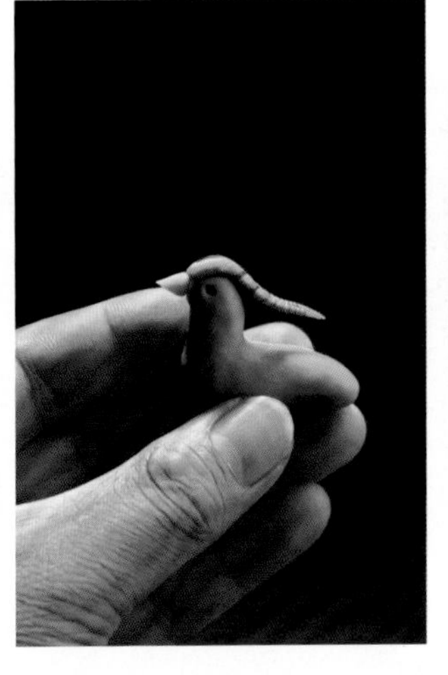

7. 按在鸟头顶部作冠子

8. 再取多色面团按在一起

9. 搓成长条后对折，注意一面长，一面短，作尾巴

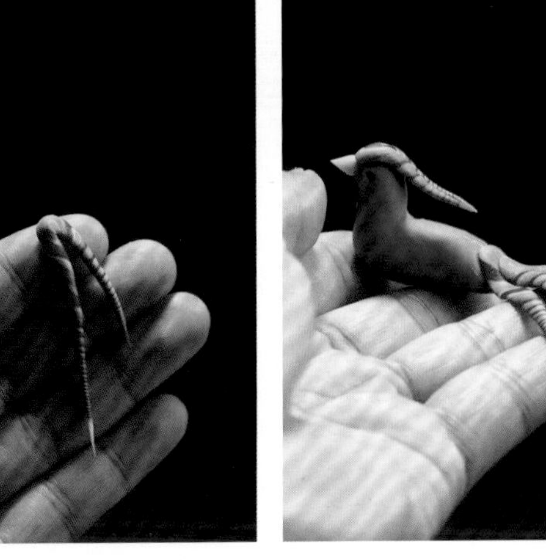

10. 装上尾巴

11. 用做冠子的方法搓出两个翅膀，装上

12. 做出一个底座，将鸟组装上即可

锦鲤
JinLi

分步图解

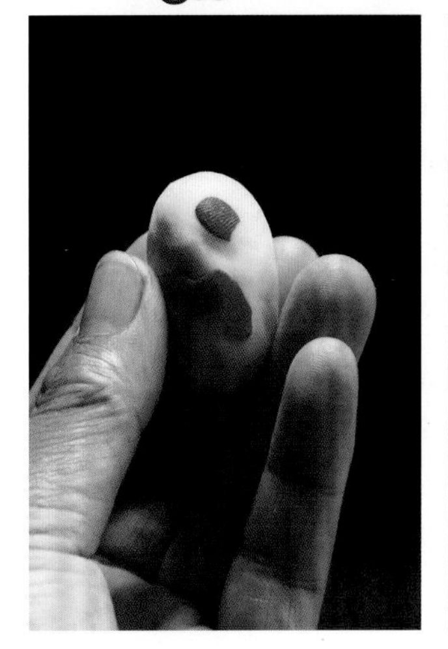

1. 取黄色面团揉匀，加上少许红色面团做出斑点

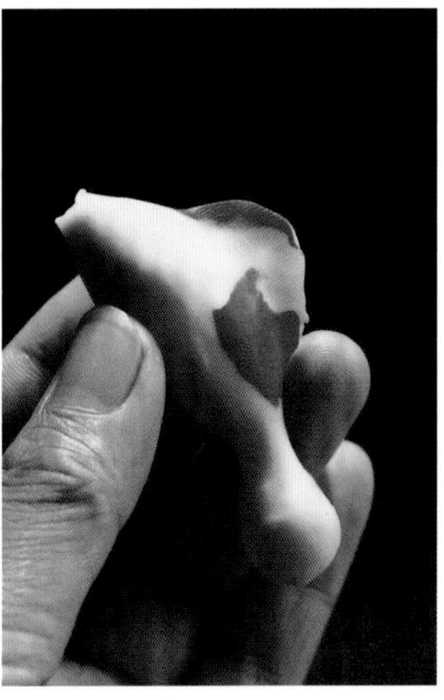

2. 做出鲤鱼大形，并捏出背鳍

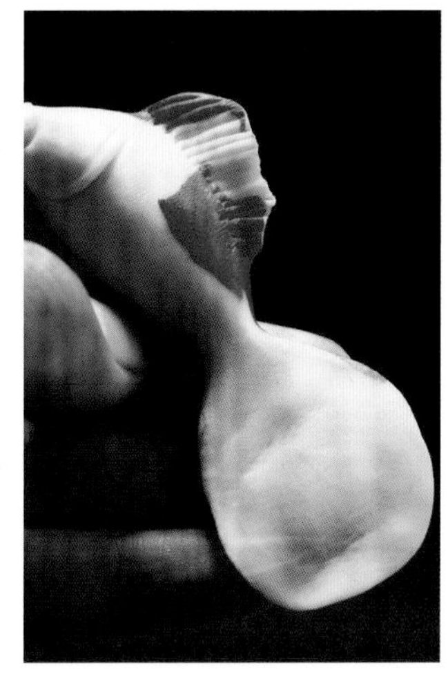

3. 切出背鳍线和鱼鳃，并按平尾巴

4. 剪出尾鳍大形，并切出尾鳍线和鳞片

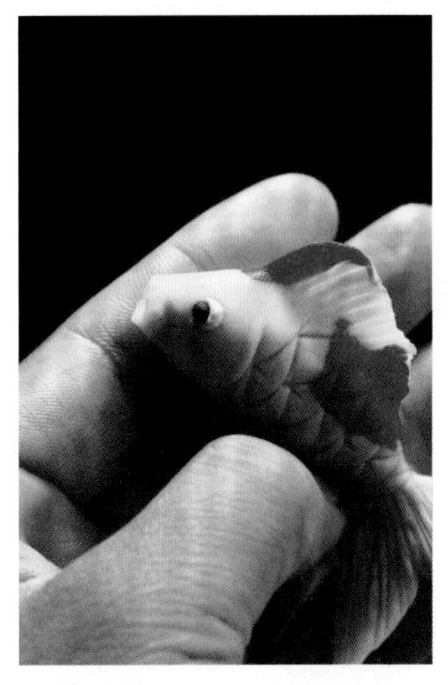

5. 做出眼睛

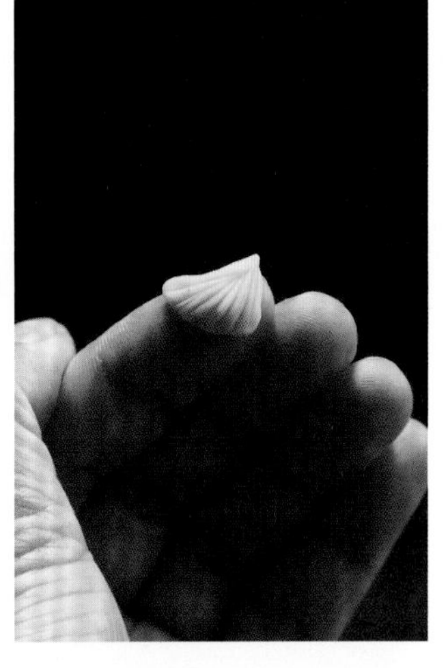

6. 做出胸鳍大形，并切出纹路

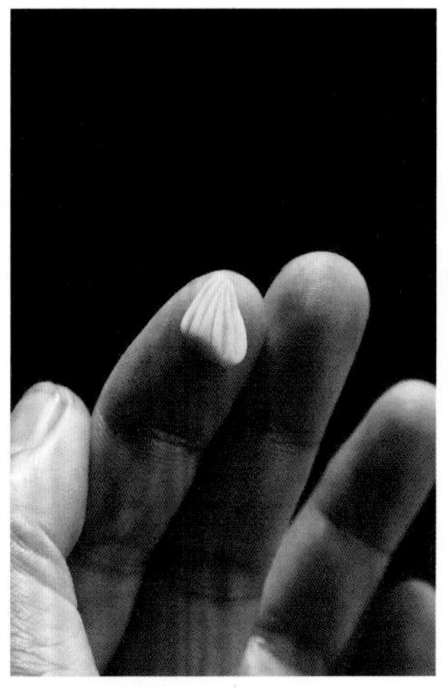

7. 再做出臀鳍

8. 装上臀鳍

9. 再做出鱼须，并粘上

10. 组装造型

分步图解

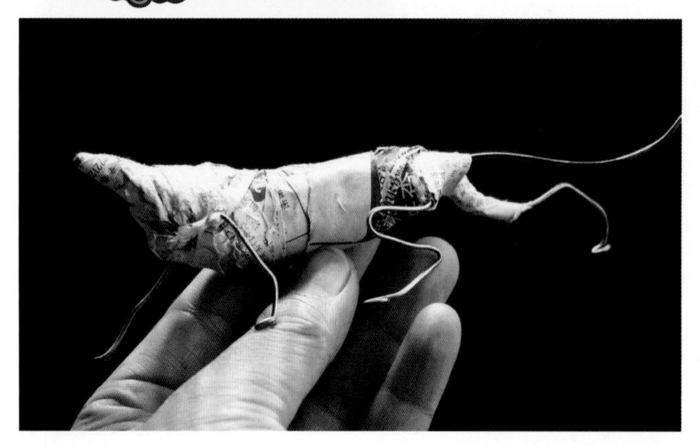

1. 用报纸和铁丝做出老虎的骨架

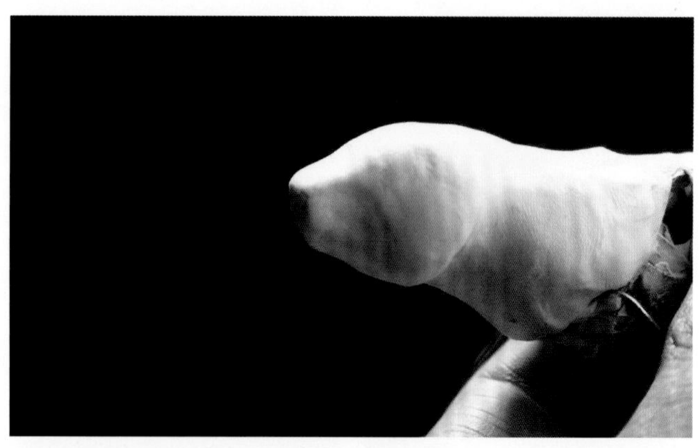

2. 用白色面团塑出老虎头部大形

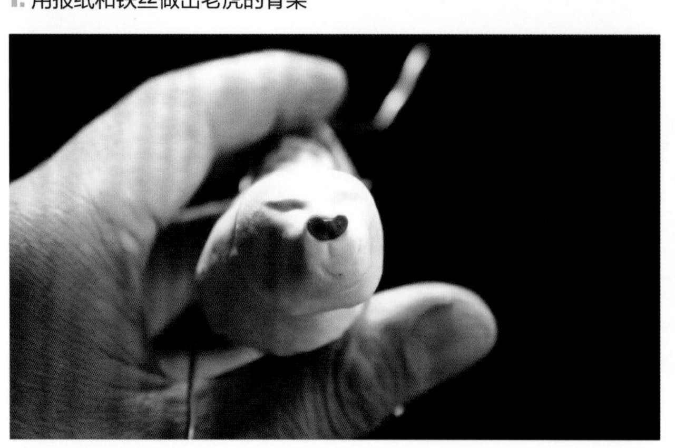

3. 用红色颜料绘出鼻子

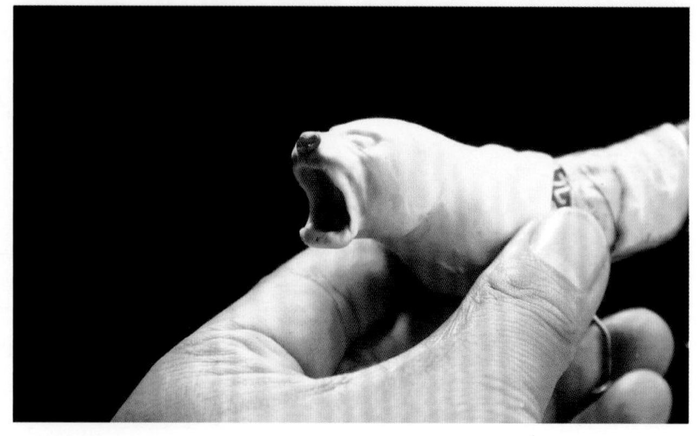

4. 切出虎嘴，塑出眼眶

5. 用淡粉色面团做出嘴部，并装上虎牙和舌头

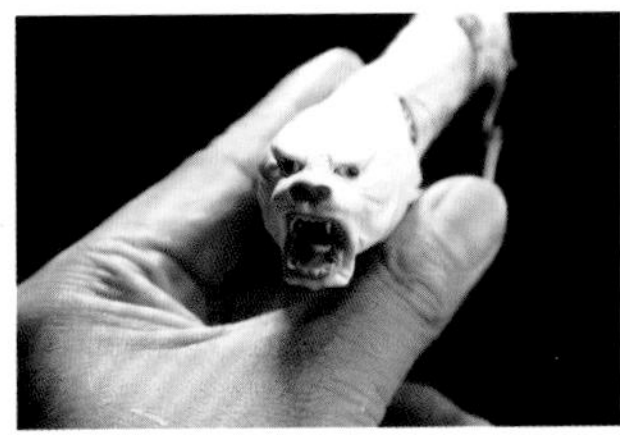

6. 做出眼睛

7. 另取面团做出耳朵和腮毛

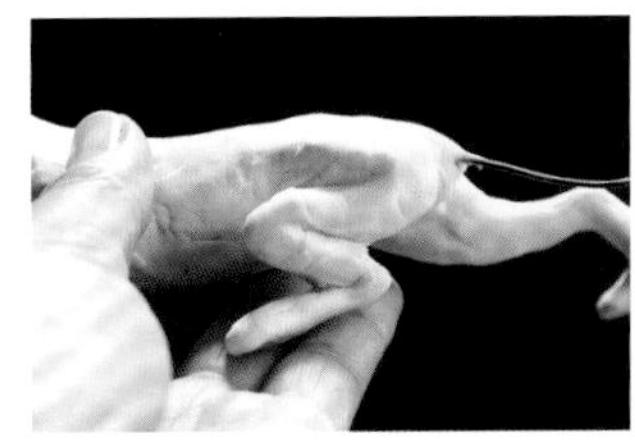

8. 塑出左、右后腿

9. 塑出左前腿

10. 塑出右前腿

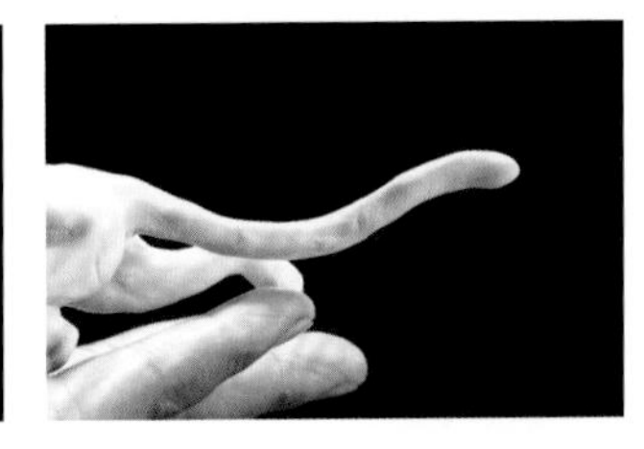

11. 塑出虎尾

12. 塑出整个身体结构

13. 塑出左边的肌肉

14. 塑出右边的肌肉

15. 刷上橙色和黑色颜料，做成虎皮色

16. 成品展示

分步图解

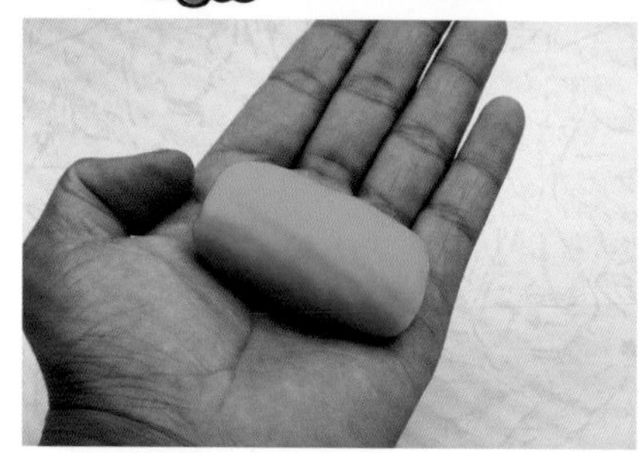
1. 取一绿色面团，揉匀

2. 做出麒麟的身体和前腿，组装

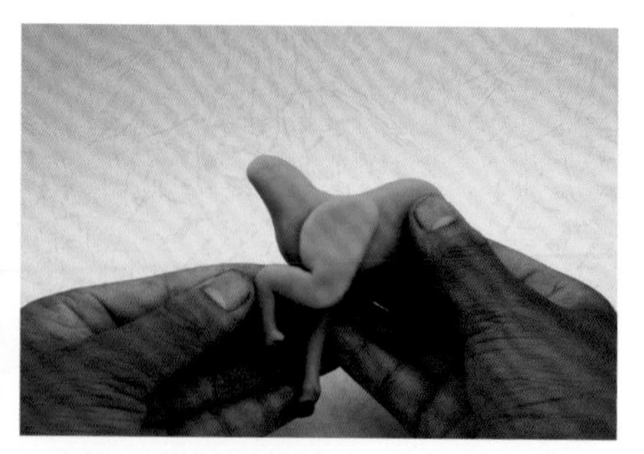
3. 再做出左前腿，并装上

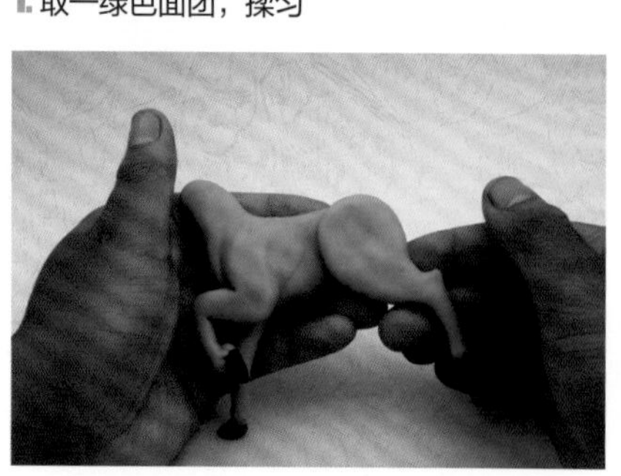
4. 塑出左后腿装上，注意腿的动态

5. 再做出另一条后腿装上

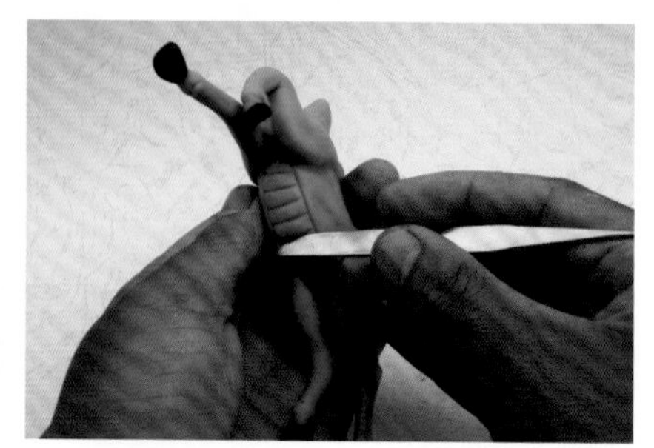
6. 切出腹甲

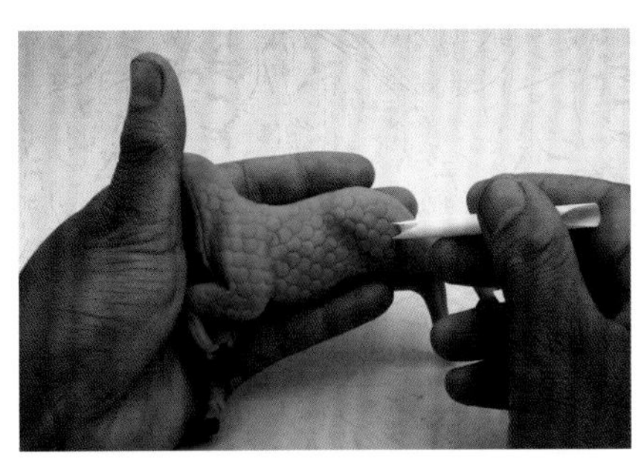

7. 用吸管压出身上的鳞片

8. 切出背鳍线

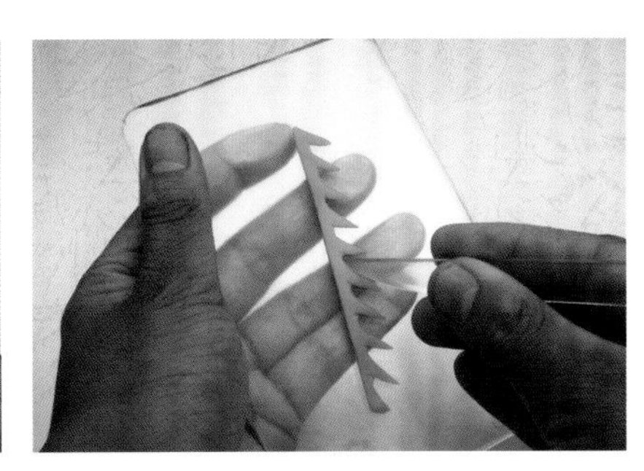

9. 做出背鳍

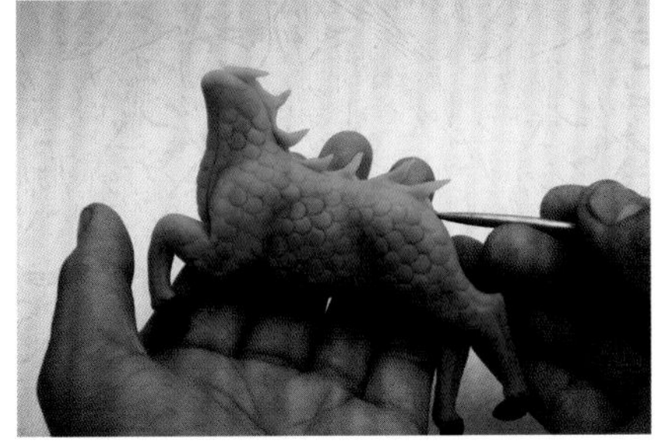

10. 装上背鳍

11. 塑出尾巴，并装上

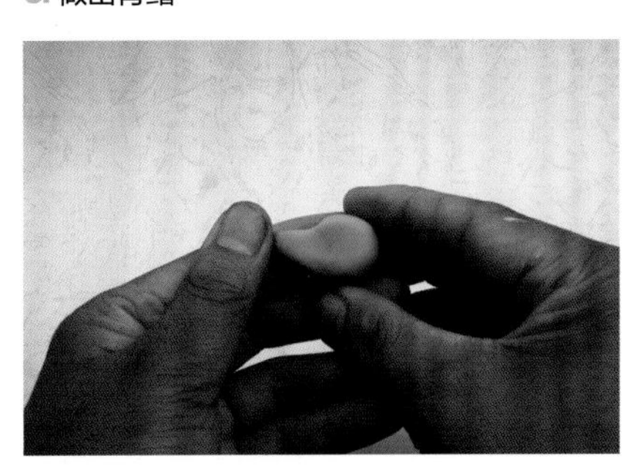

12. 另取一面团，做头

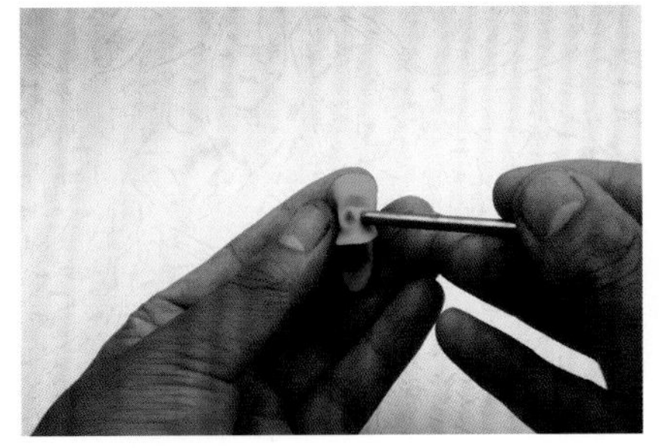

13. 挑出鼻孔

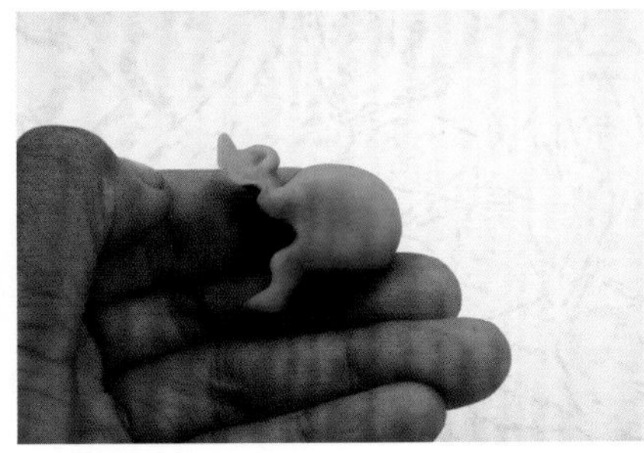

14. 切开嘴，做出弧度

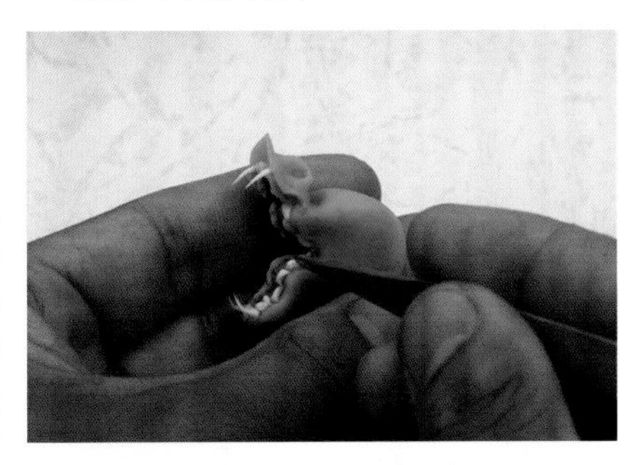

15. 装上牙齿

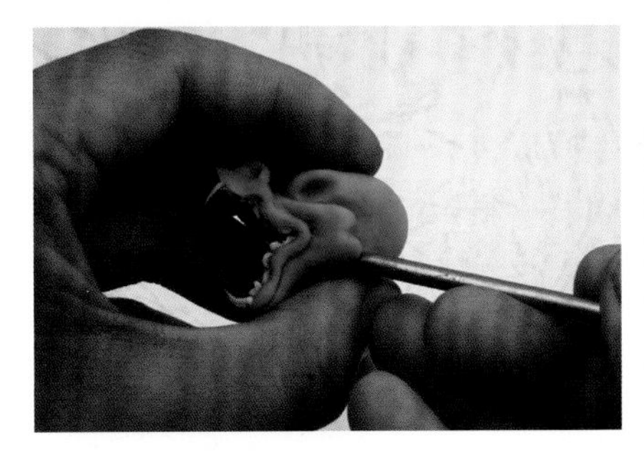

16. 塑出嘴唇和脸部肌肉

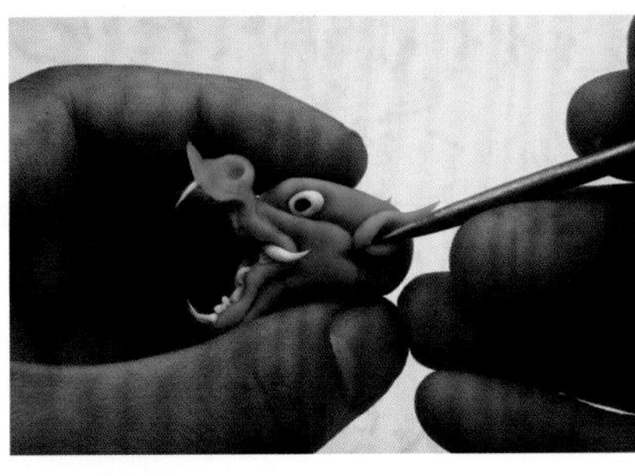

17. 装上眼睛和耳朵

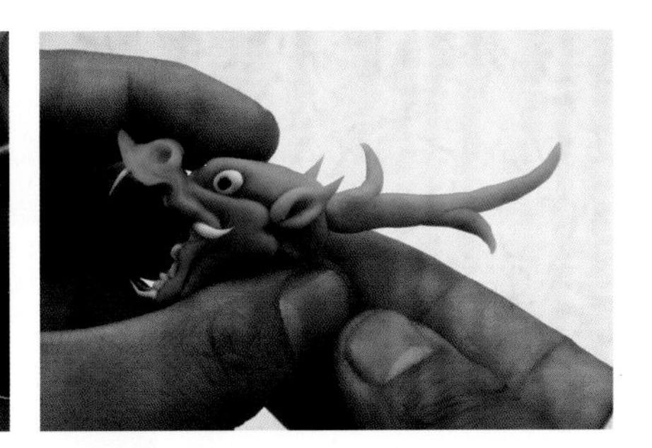

18. 做出角装上

19. 做出毛发，并装上

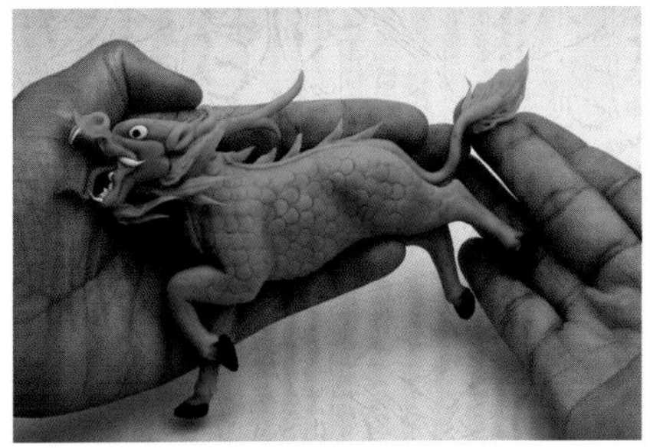

20. 做出舌头和胡须，再和身体连接上

21. 用红色面团做出火苗，组装上即可

人物面塑制作图解

分步图解

1. 取一肉色面团，做出头部大形

2. 做出眉骨和鼻梁，注意眉骨形状

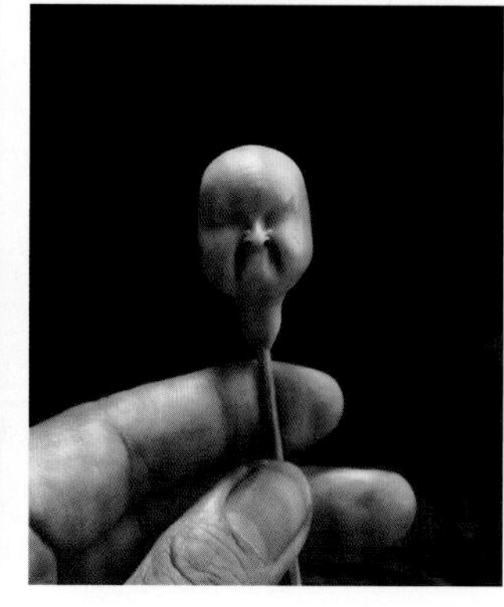
3. 做出鼻子

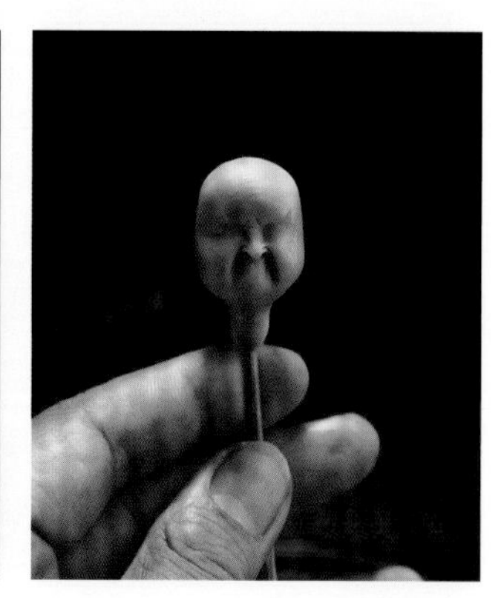
4. 做出鼻子上的褶子

5. 塑出脸蛋

6. 用红色面团做出嘴部，切开嘴部

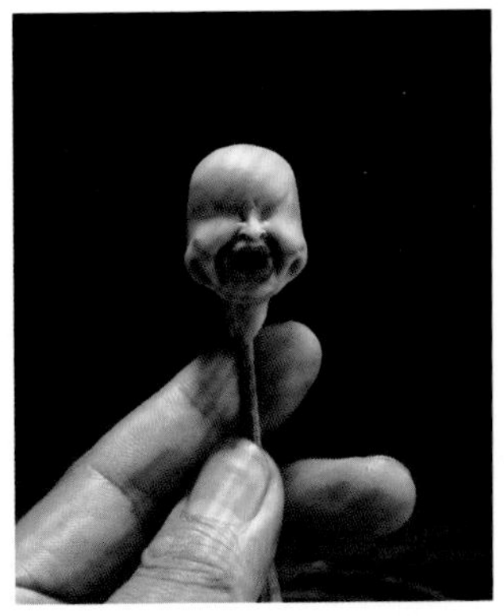

7. 塑出脸部肌肉

8. 粘上舌头和牙齿

9. 挑出眼睛

10. 用黑色面团做成睫毛装上

11. 装上眼珠，做出眼角的皱纹

12. 加上眉毛

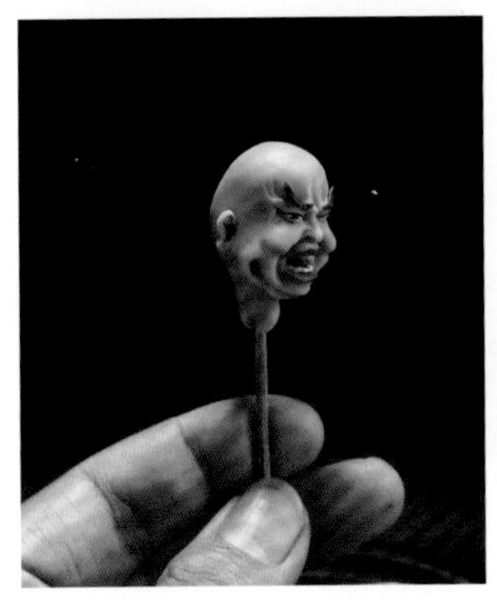

13. 做出耳朵

14. 用黑色面团做成帽子

15. 用橙色面团做出帽子的装饰边

16. 用绿色面团做出帽正，并装上

17. 用黑色面团做出胡子，并装上

18. 用红色面团和铜丝做出帽翅

19. 装上帽翅

分步图解

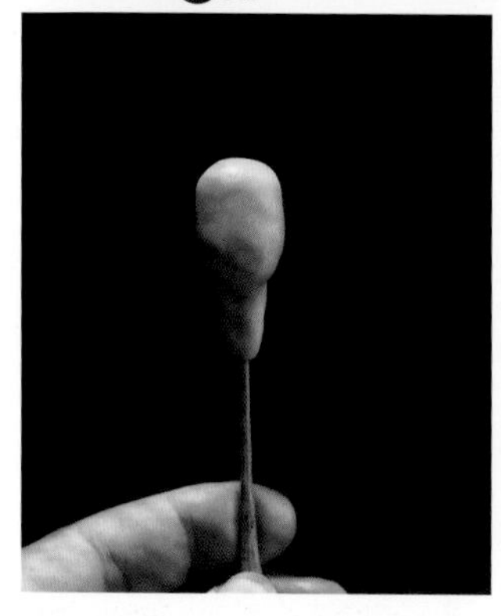

1. 取肉色面团做出人物头部大形

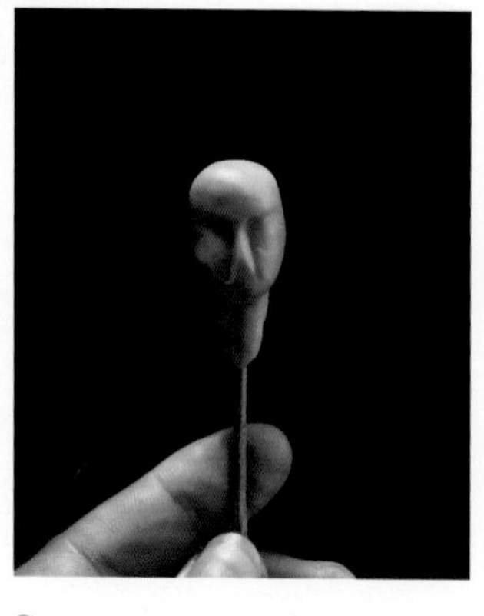

2. 塑出鼻梁和眉骨

3. 定出鼻子的长度，挑起鼻孔

4. 做出鼻梁上的皱纹

5. 用红色面团做出嘴

6. 切开眼睛

7. 做出睫毛

8. 装上眼珠

9. 压出眉头

10. 装上眉毛

11. 用蓝色面团包上帽子

12. 用黑色面团做出帽子的装饰边

13. 再做出帽子上的护耳

14. 塑出帽子的帽檐

15. 用橙色面团做出帽子上的装饰钉

16. 在帽檐正中塑出一只虎头

17. 再做出帽子上的装饰

18. 给橙色帽钉刷上金色

19. 用白色面团做出樱子，并装上

20. 给黑色帽边刷上点淡淡的银色

关羽开脸
GuanYuKaiLian

分步图解

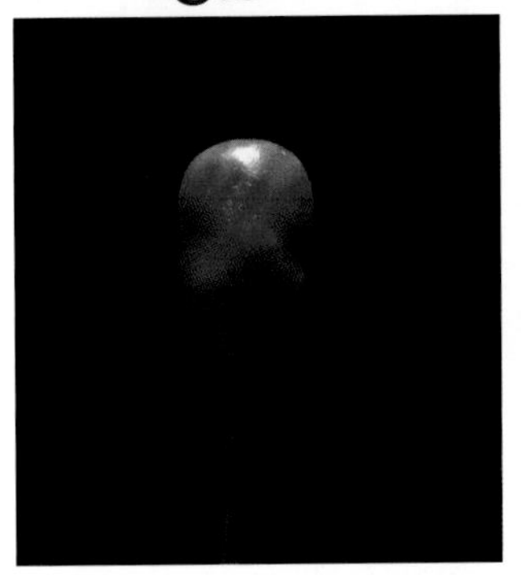
1. 取一红色面团做成上图关公的头部大形

2. 压出鼻梁

3. 塑出鼻梁和眼窝

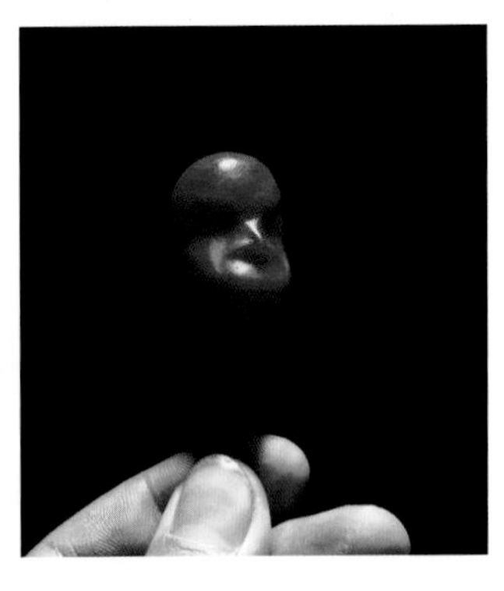
4. 定出鼻子的长度

5. 做出鼻子

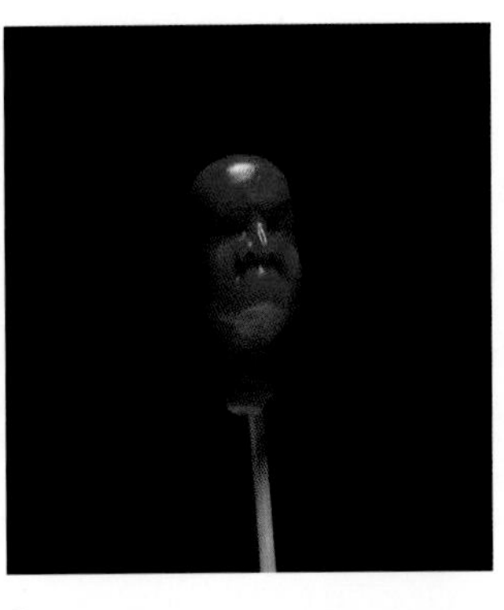
6. 挑出鼻孔，按出鼻梁上的褶子

7. 塑出嘴

8. 挑出眼睛

9. 装上睫毛

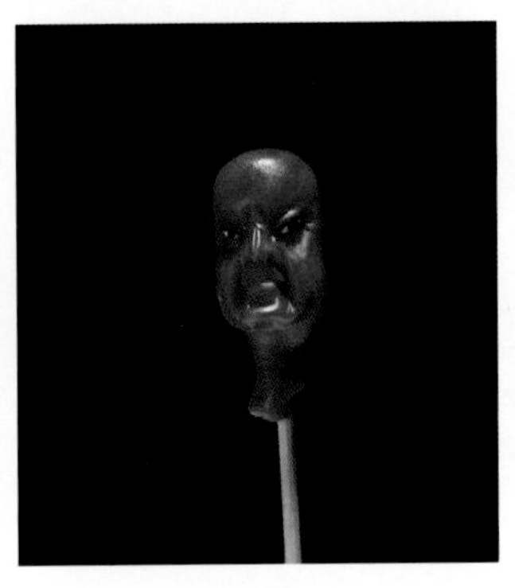
10. 做出眼珠和鱼尾纹

11. 装上眉毛

12. 塑出耳朵

13. 取一蓝色面片

14. 包成帽子

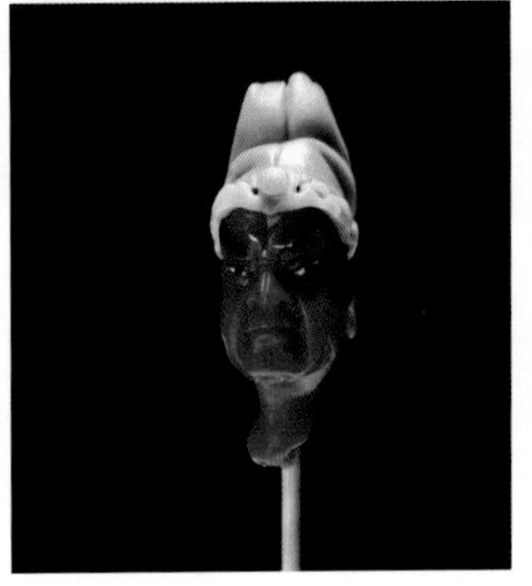
15. 用橙色面团做出帽子的装饰边

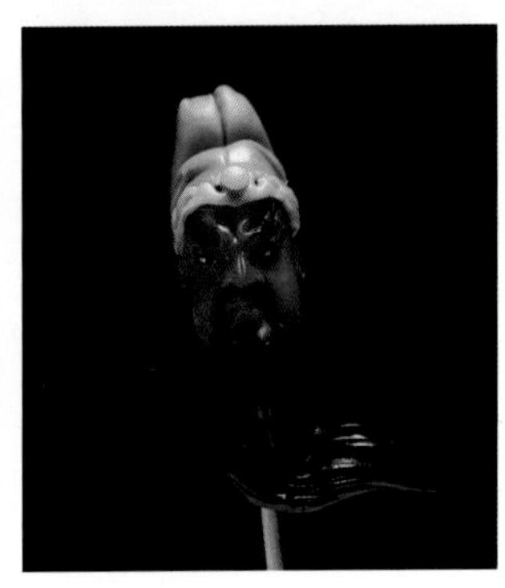
16. 用黑色面团做出胡子

弥勒佛

MiLeFo

分步图解

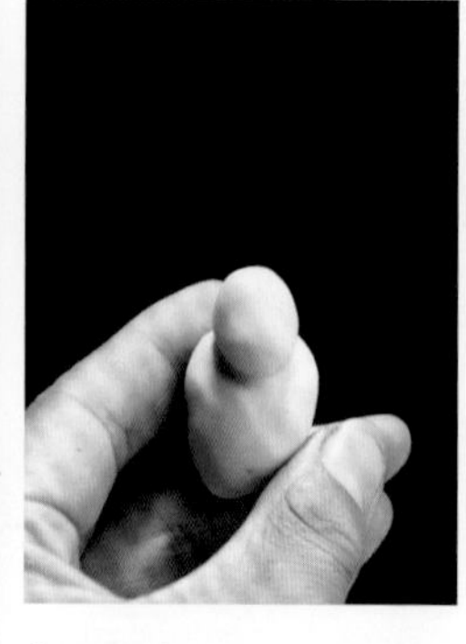

1. 取肉色面团做出整体大形

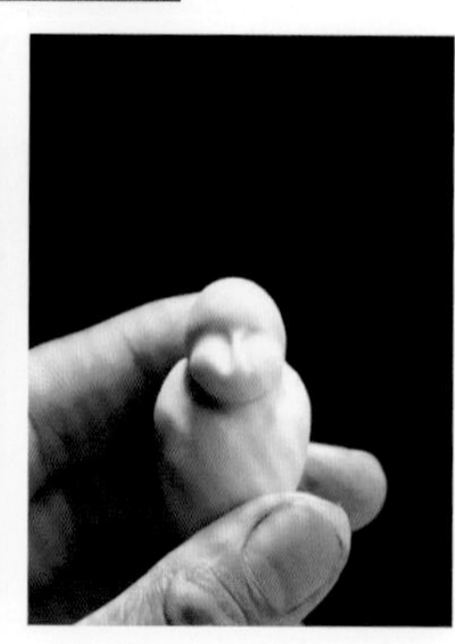

2. 塑出眉骨和鼻梁

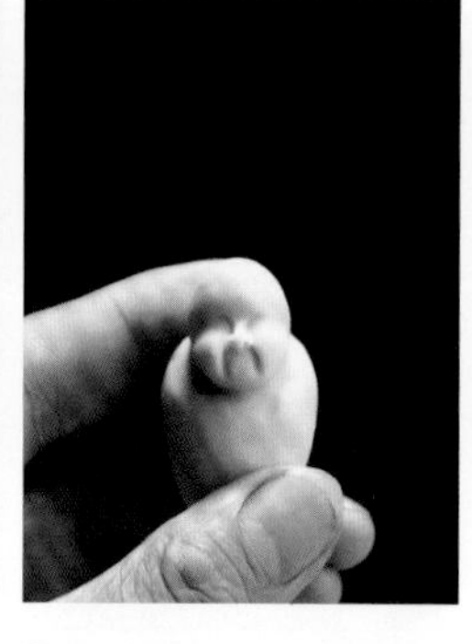

3. 挑出鼻孔，塑出脸部

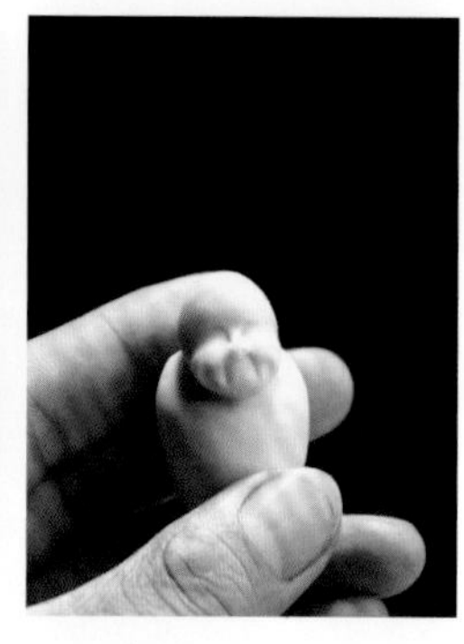

4. 塑出脸部肌肉

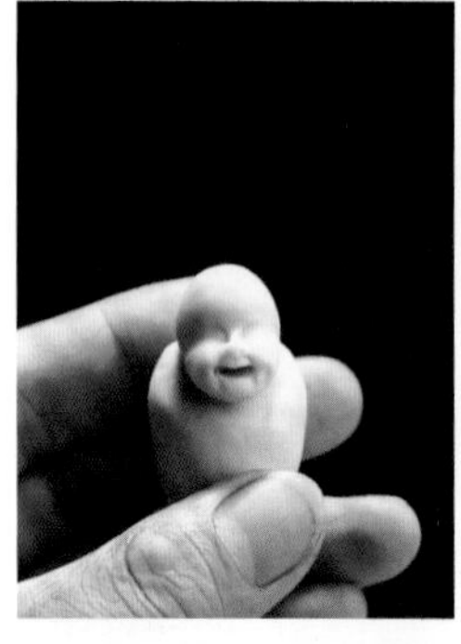

5. 切开嘴

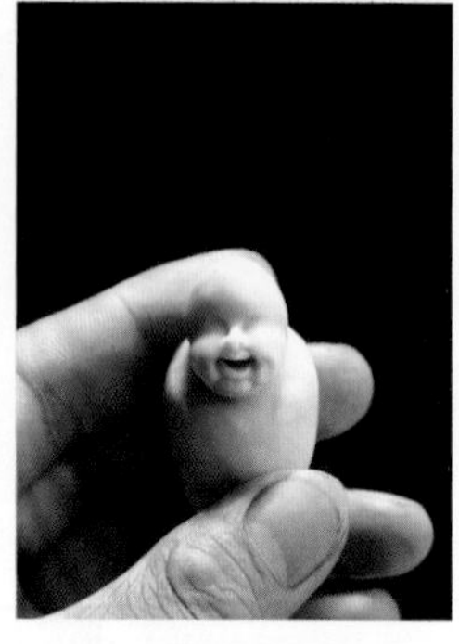

6. 塑出嘴唇和下巴

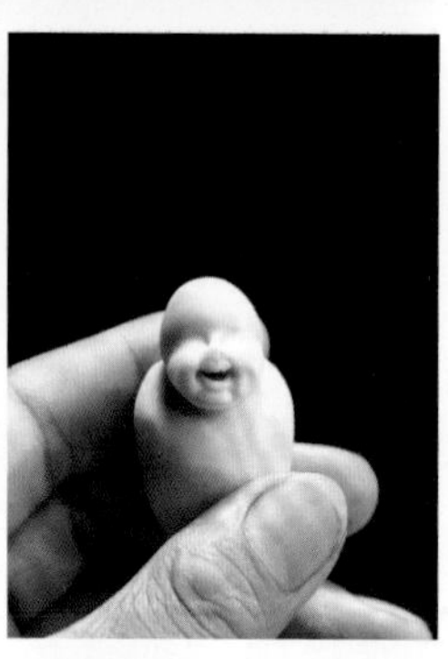

7. 装上舌头

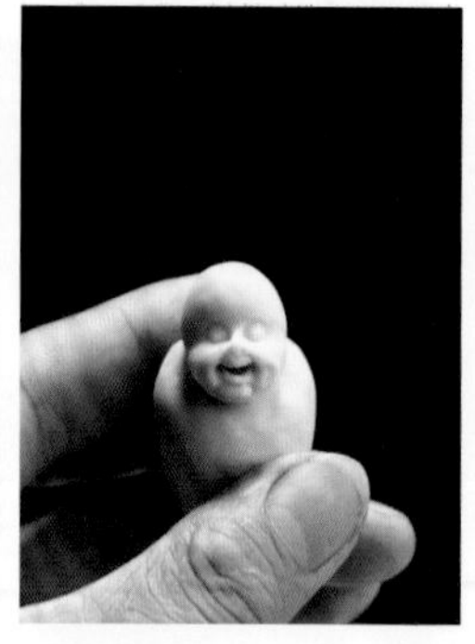

8. 做出眼眶

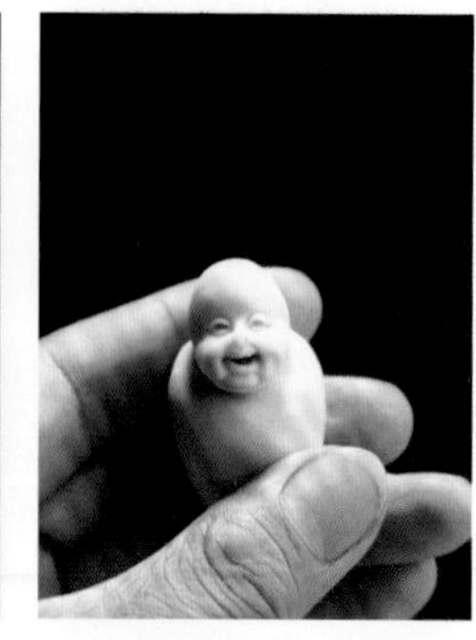

9. 切出眼睛

10. 装上睫毛和眼珠

11. 装上眉毛

12. 画出嘴唇

13. 另取一块面团，装在下方

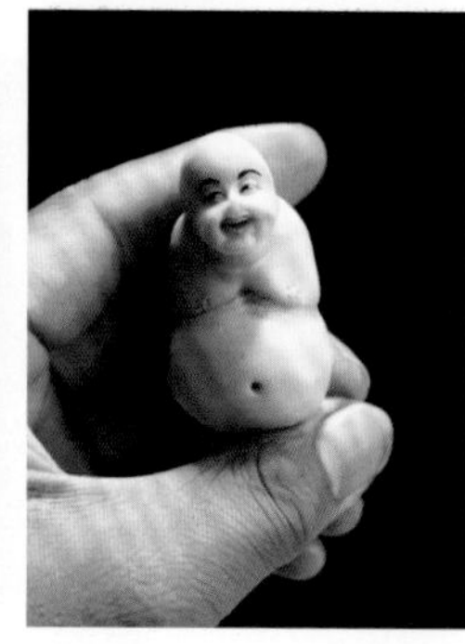

14. 做出胸部和肚子，点出肚脐

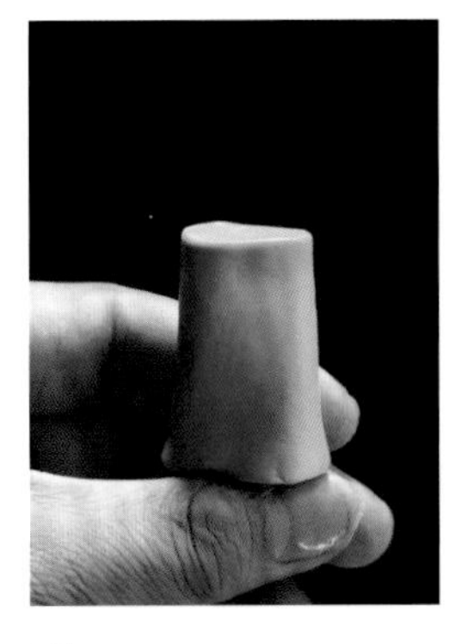

15. 用蓝色面团做出下身

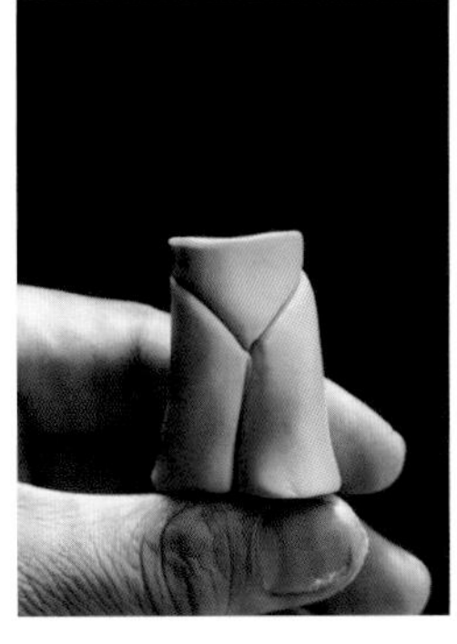

16. 切出腿部和腹部

17. 压出衣褶

18. 接上上身

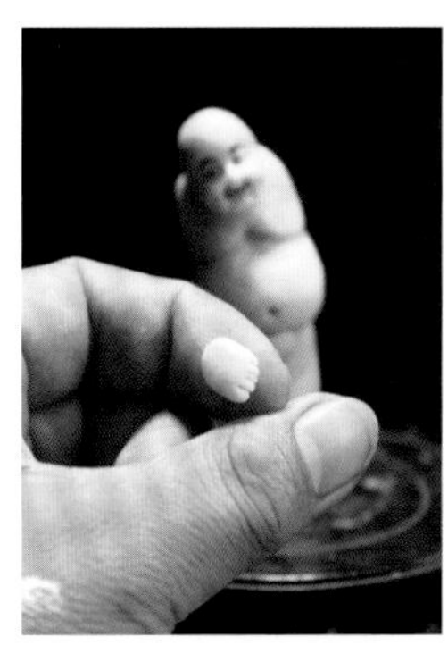

19. 做出脚

20. 装上脚

21. 用橙色面团做出裤腰

22. 用青色面团做出腰带和蝴蝶结装上

23. 用大红色面团擀出大片作为上衣

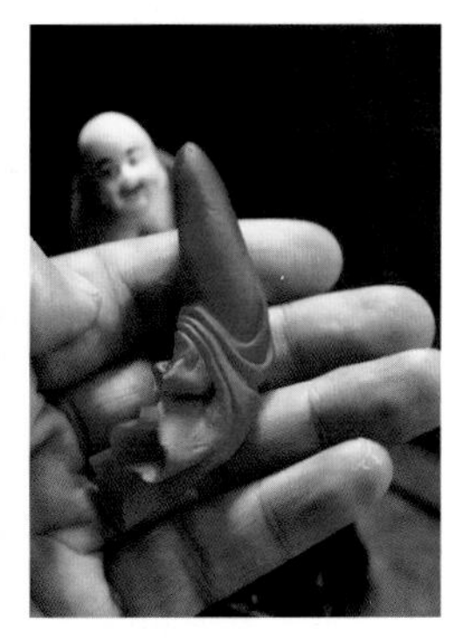

24. 做出袖子

25. 装上袖子

26. 再做出左边的袖子

27. 装上左边的袖子，做出造型

28. 装上耳朵，注意要大

29. 用红色和黑色的面团混合，做出呈棕色的面团

30. 做出佛珠，并装上

31. 做出一只手，并装上

32. 用橙色面团做出一只布袋，并装上，并切出手指

33. 做出袋子口

34. 组装成型

寿星
ShouXing

分步图解

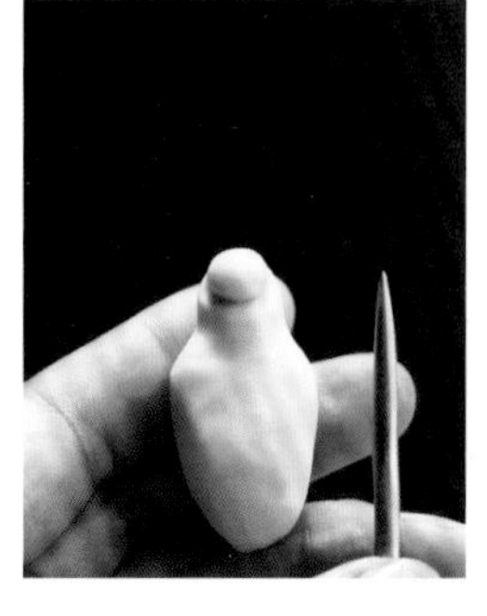

1. 用肉色面团做出人物大形，并做出寿星的大额头

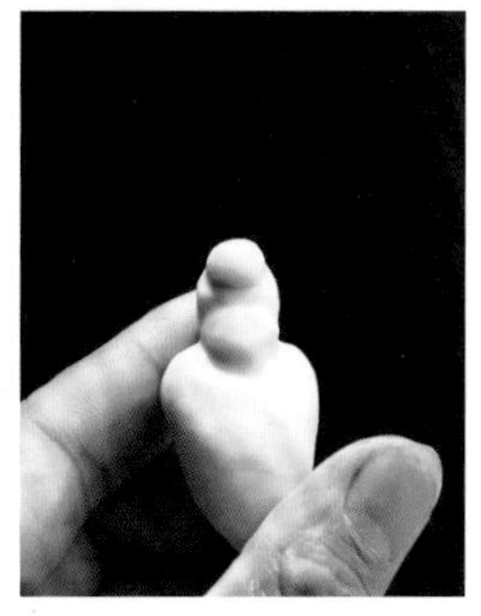

2. 压出头部大形和脖子

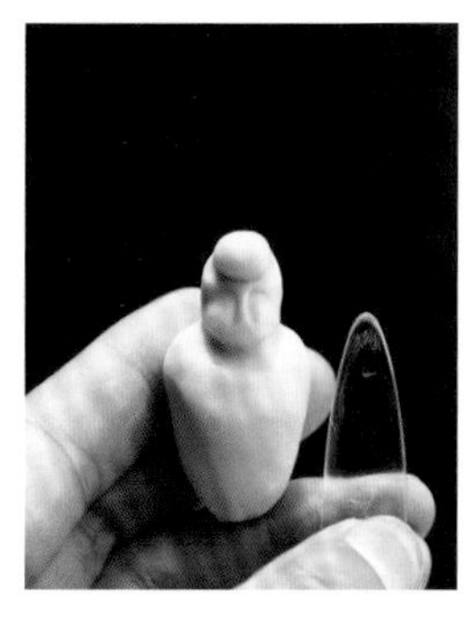

3. 塑出眉骨和鼻梁

4 压出鼻翼

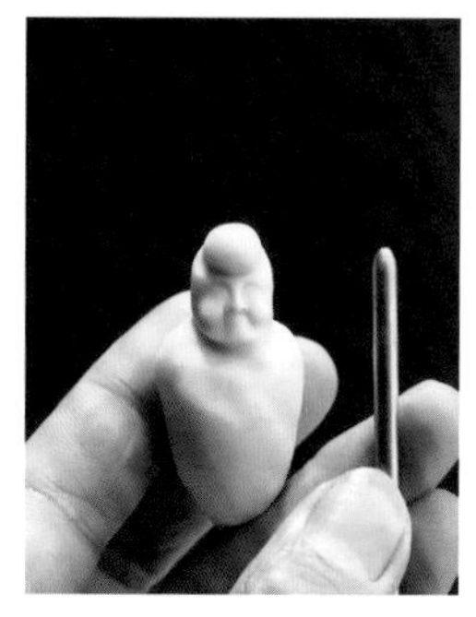

5. 挑起鼻孔

6. 切开嘴，塑出嘴唇，并装上舌头和牙齿

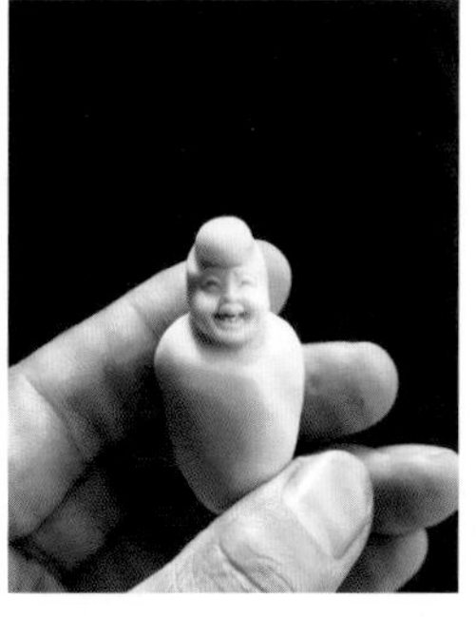

7. 塑出眼眶，切开眼睛

8. 装上眼珠，注意眼角向下

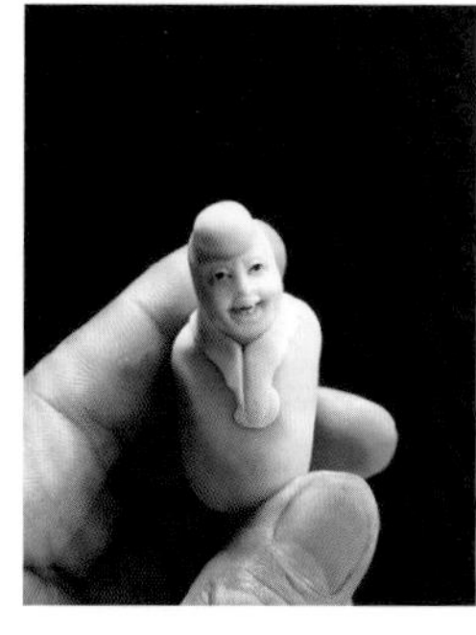

9. 用白色面团塑出内衣

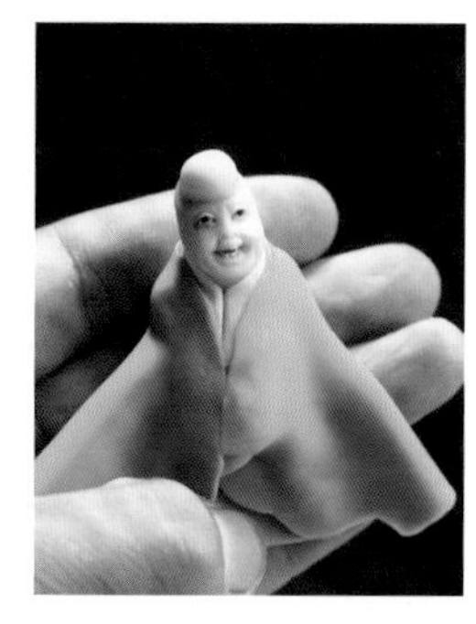

10. 用绿色面团做出寿星的上衣

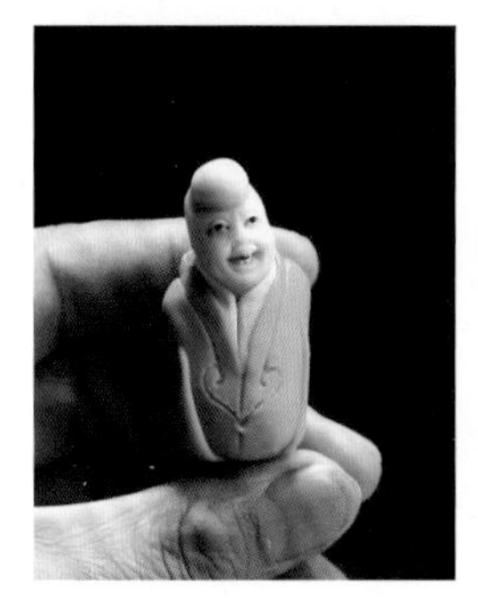

11. 刻画出衣领

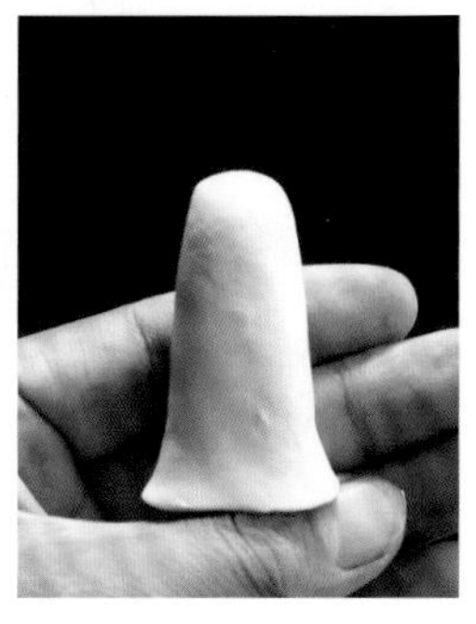

12. 用白色面团塑出下身大形

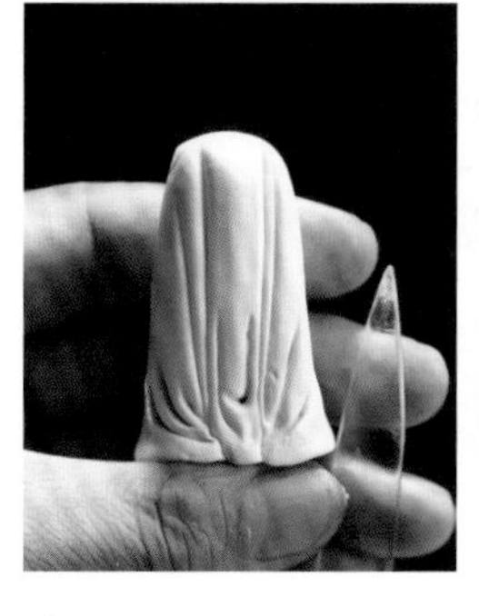

13. 画出衣褶

14. 做出鞋

15. 将鞋装在下身，并接上上身

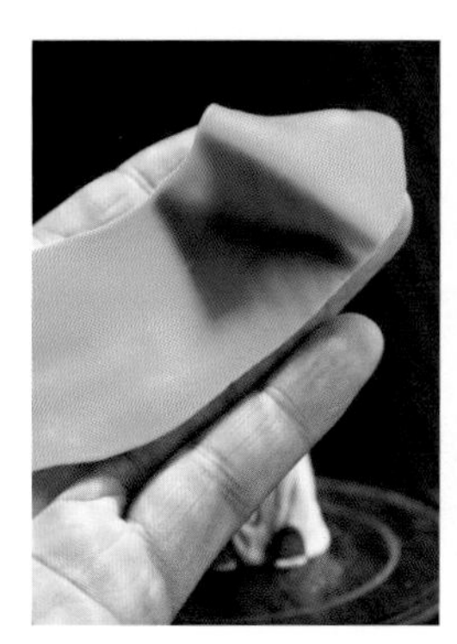

16. 另取一绿色面团擀成长形大片

17. 做出裙子

18. 用蓝色面团做出大饰带，并装上

19. 做出腰带围上

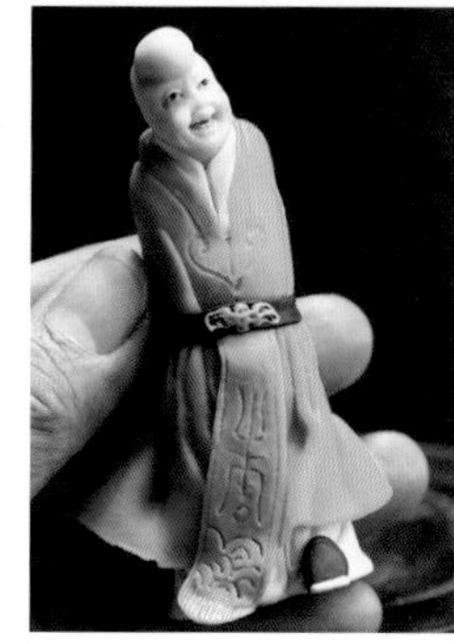

20. 用橙色面团做出腰带上的装饰

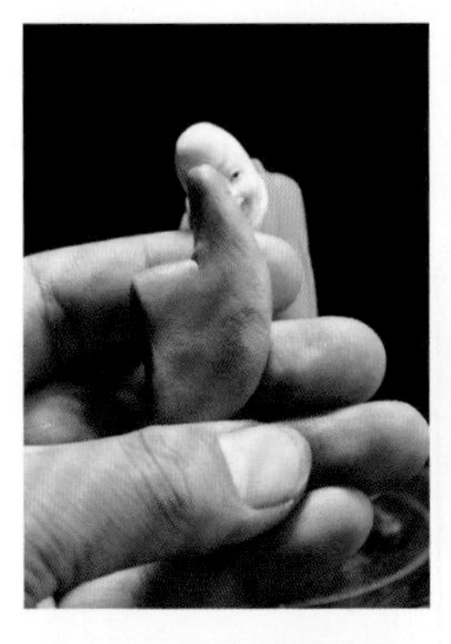

21. 用紫色面团做出袖子的大形

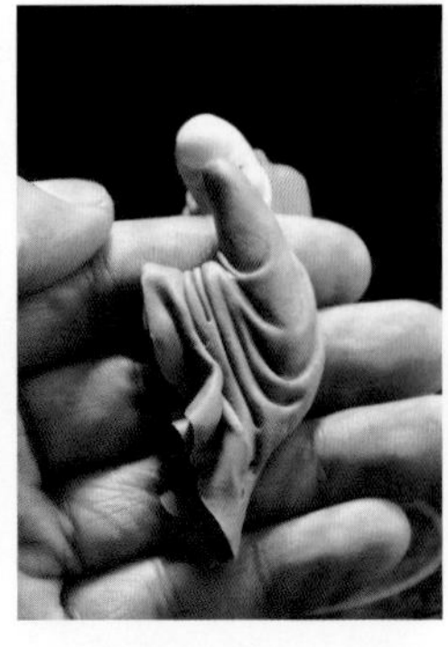

22. 做出袖口褶子和袖子上的衣褶

23. 装上袖子

24. 再做出另一只袖子

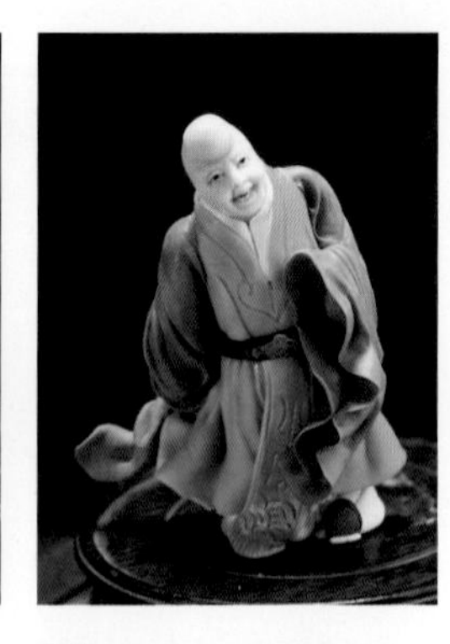

25. 装上另一只袖子

26. 再装上绿色袖子的袖口

27. 做出耳朵

28. 装上头发和发髻

29. 用紫色面团做出头巾，包上

30. 用白色面团做出胡子

31. 做出一只手

32. 装上手臂

33. 用墨绿色面团做出一截树枝，并装上

34. 用白色面团包上粉色面团

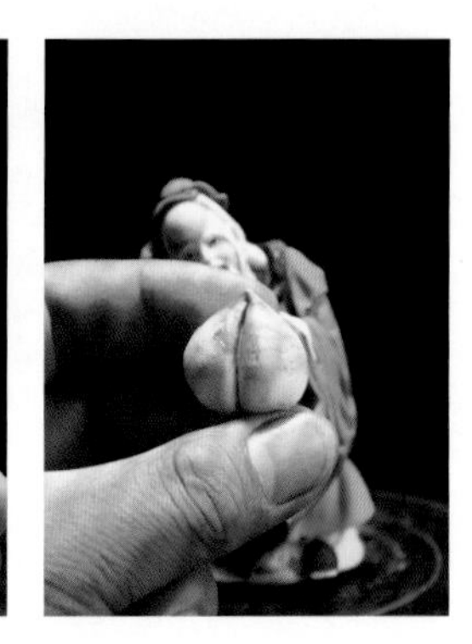

35. 做成一只桃子

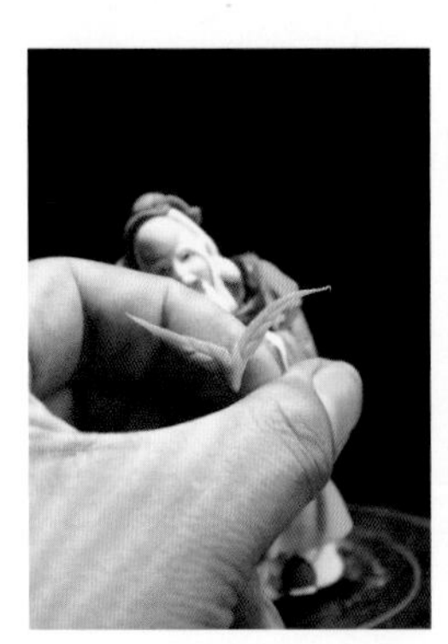

36. 用绿色面团做一只叶子

37. 将桃子组装上

38. 再做一只小的桃子组装上，做一个印章放在边上即可

仕女
ShiNü

分步图解

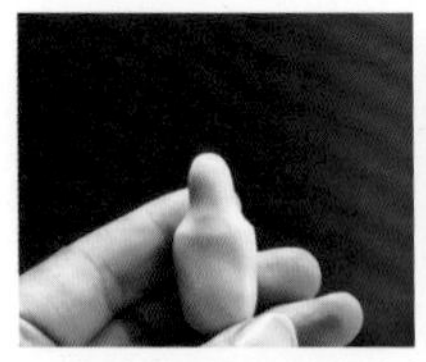

1. 用肉色面团做出人物头部和上身

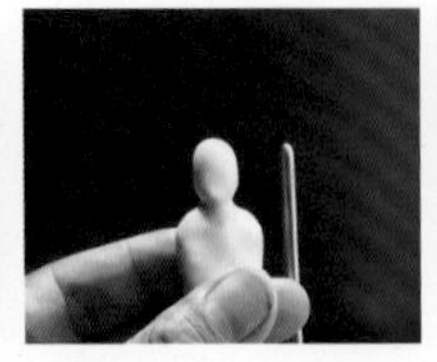

2. 压出脖子，塑出头部造型

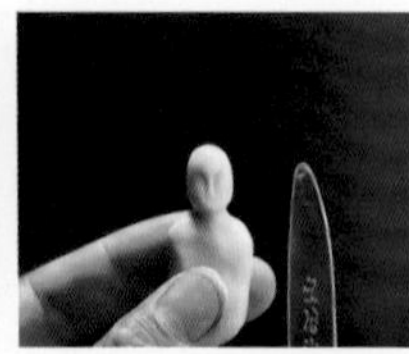

3. 做出眉骨和鼻梁

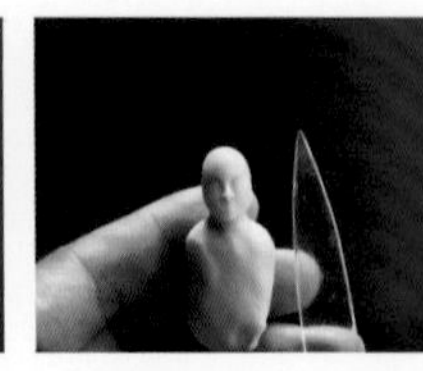

4. 挑起鼻孔

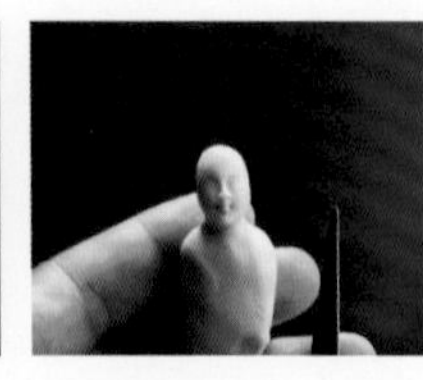

5. 塑出嘴部

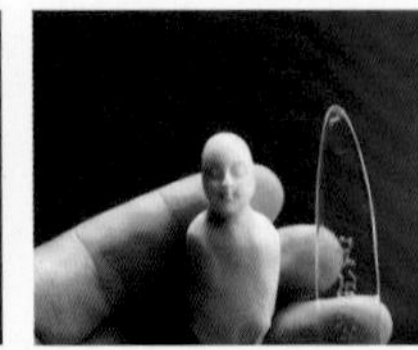

6. 塑出眼眶

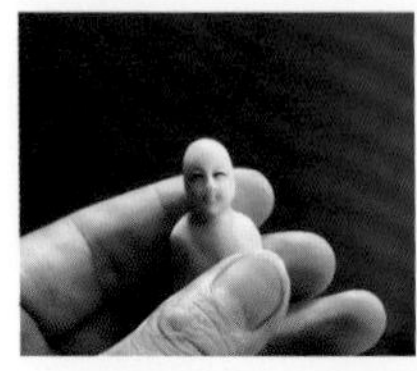

7. 切出眼睛，装上眼珠

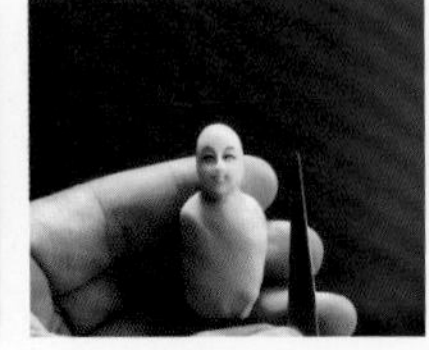

8. 做出眉毛装上

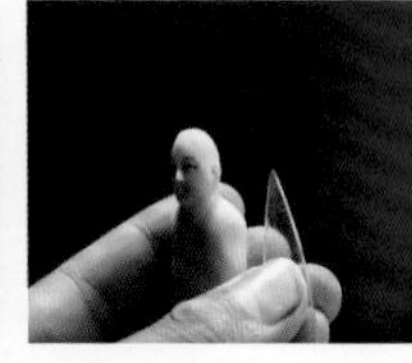

9. 塑出耳朵

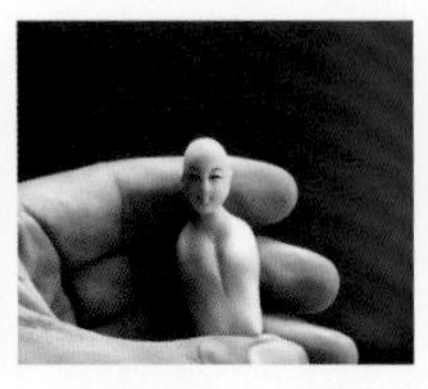

10. 塑出胸部

11. 装上头发

12. 用粉红色面团做出衣服

13. 画出眼线和嘴唇

14. 用黑、白、蓝三色面团混合做出凳子形状

15. 用大红色面团做出红布盖在凳子上

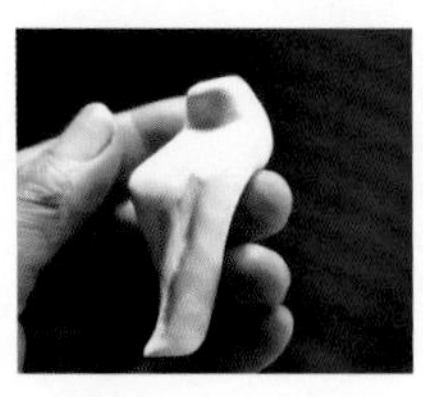

16. 用白色面团做出人物下身形状

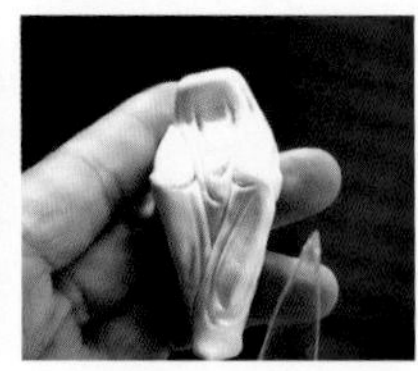

17. 切出衣褶

18. 做出鞋，装在脚上

19. 接上上身

20. 做出裙子，饰带和小带

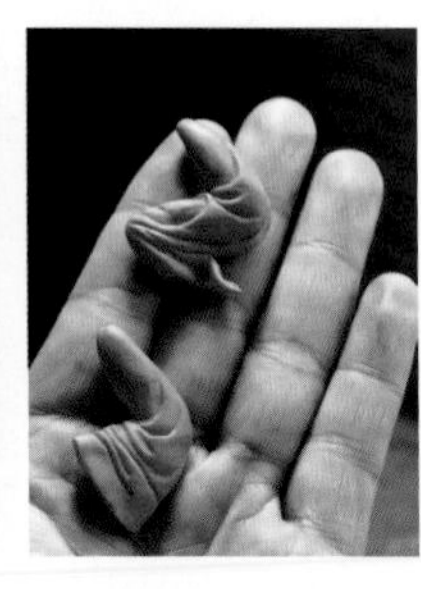

21. 做出两只袖子

22. 装上两只袖子

23. 取一肉色面团，做出手的形状

24. 做出莲花指的造型装到身体上

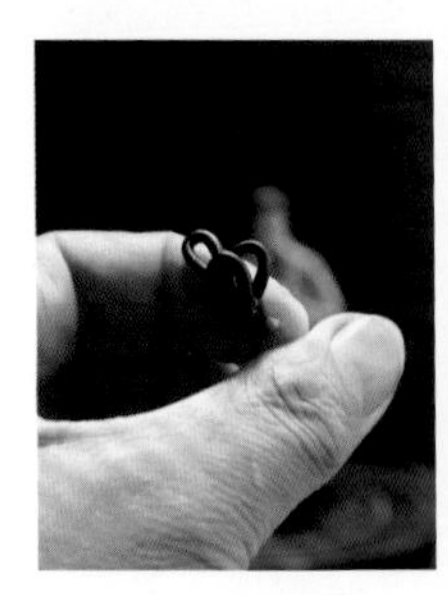

25. 用黑色面团搓成长条，做出发髻

26. 将发髻装到头上，再做出细小的发丝，并装上

27. 用粉红色面团做出一朵小花

28. 将花装到头上，再做出叶子和发簪

29. 再做出一本书，装上即可

30. 用绿色面团做出飘带装上，再做出印章放在边上

分步图解

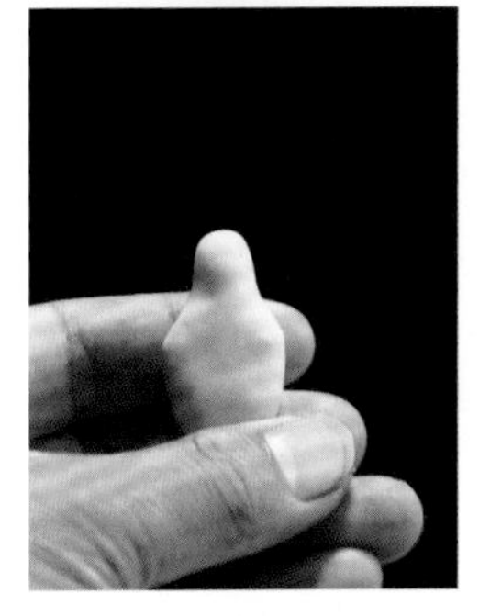

1. 取一块肉色面团做出小孩上身大形

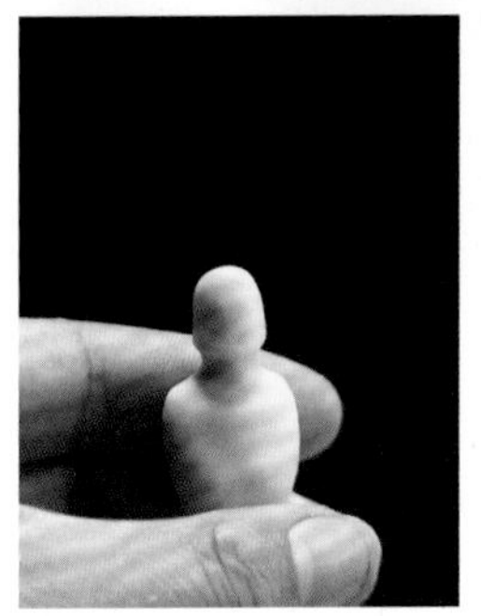

2. 擀压出脖子

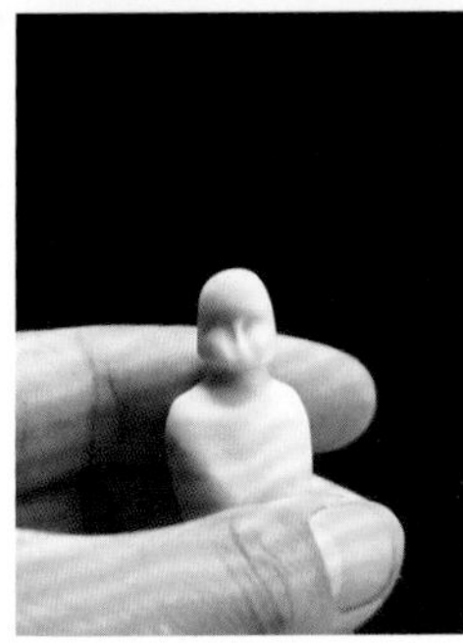

3. 塑出鼻梁和眉骨

4. 做出鼻头

5. 挑出鼻孔，塑出嘴部

6. 做出眼眶

7. 切开眼睛

8. 装上眼睛

9. 做出眉毛

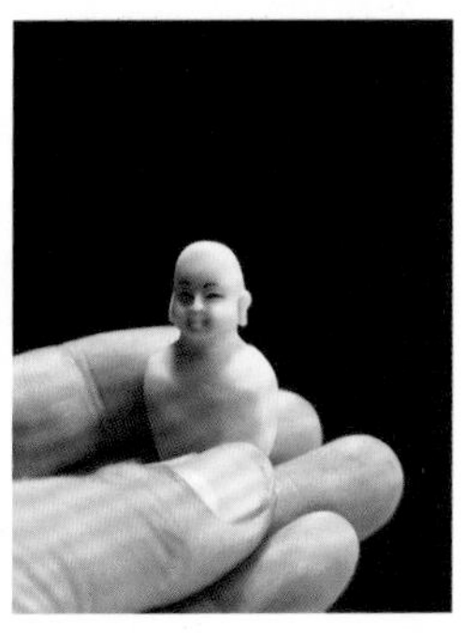

10. 塑出耳朵

11. 用黑色面团做出头发

12. 做好脖子的造型

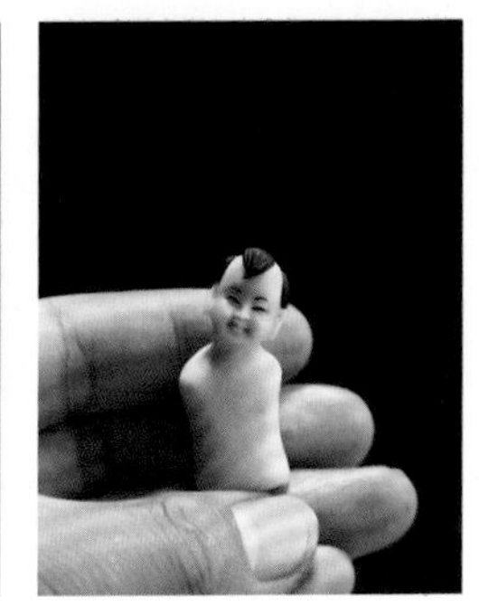

13. 画出腮红

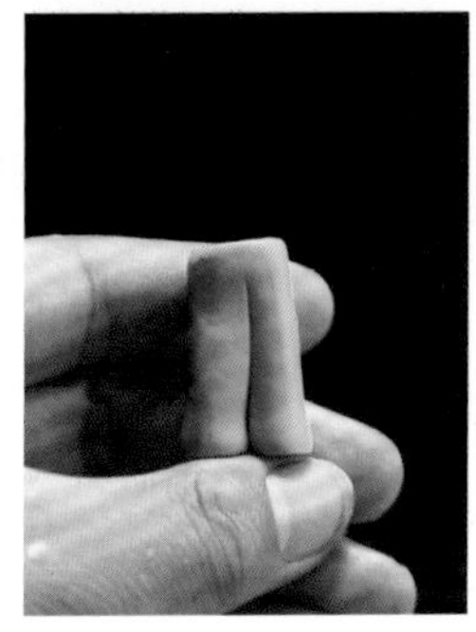

14. 用蓝色面团做裤子

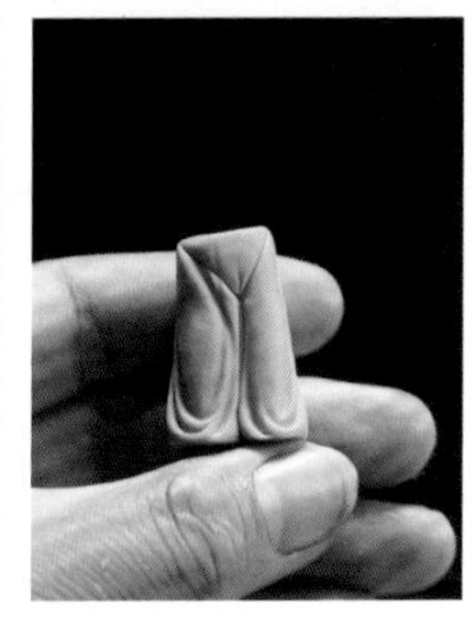

15. 压出衣褶

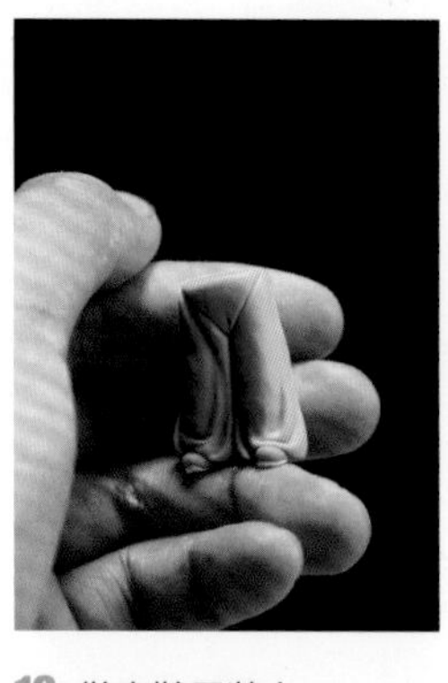

16. 做出鞋子装上

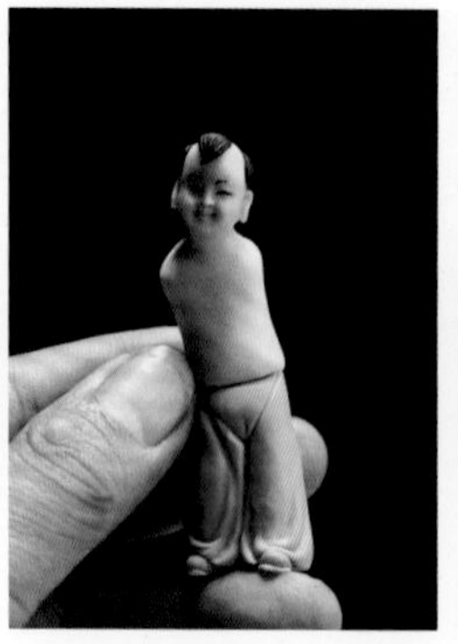

17. 接上上身

18. 用玫瑰红色面团做出衣服

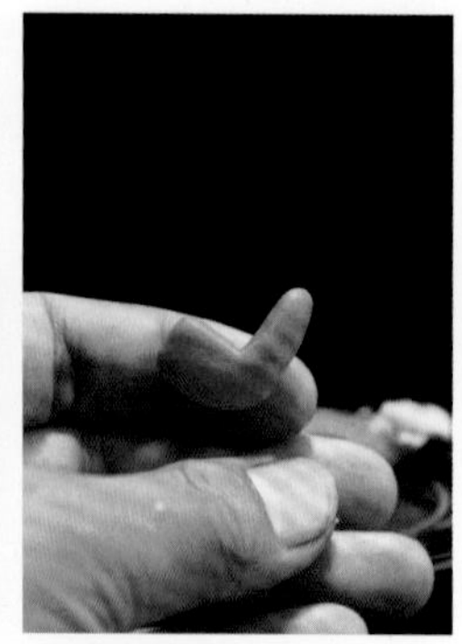

19. 做出袖子大形

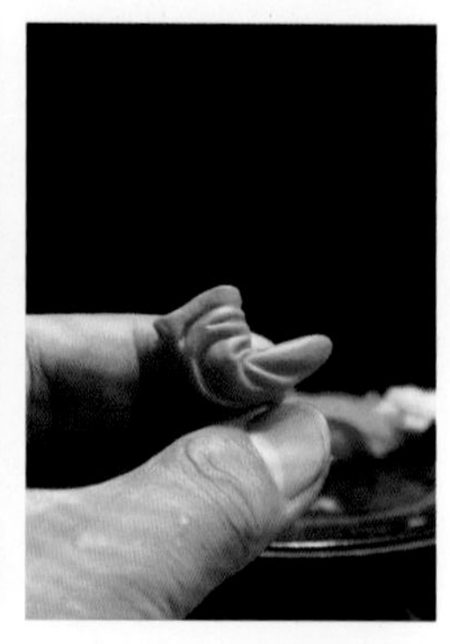

20. 做出袖子上的褶子

21. 装上袖子

22. 再做出另一只袖子的大形

23. 装上后再压出褶子

24. 做出一只手

25. 做出一枝荷花，组装上，再切出手指

26. 用橙色面团做出飘带，组装上即可

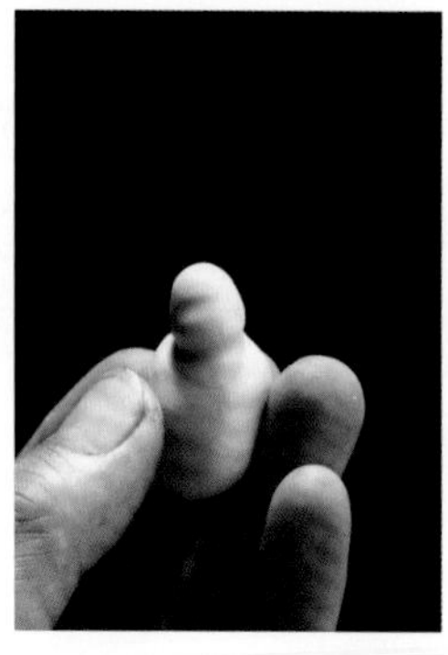

27. 再拿一块肉色面团做出另一个小孩的上身大形，注意这个小孩要胖

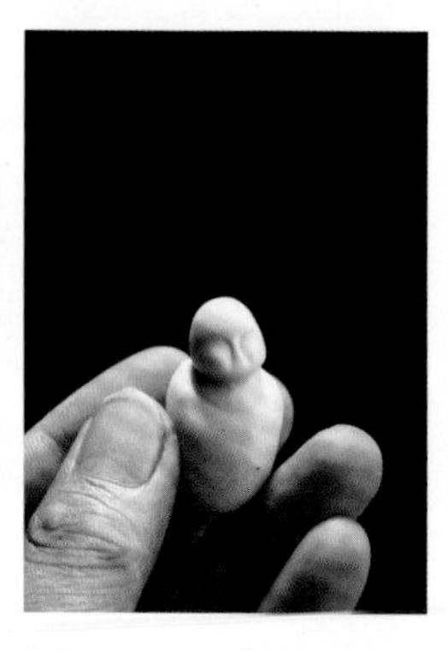

28. 先塑出鼻梁和眉骨

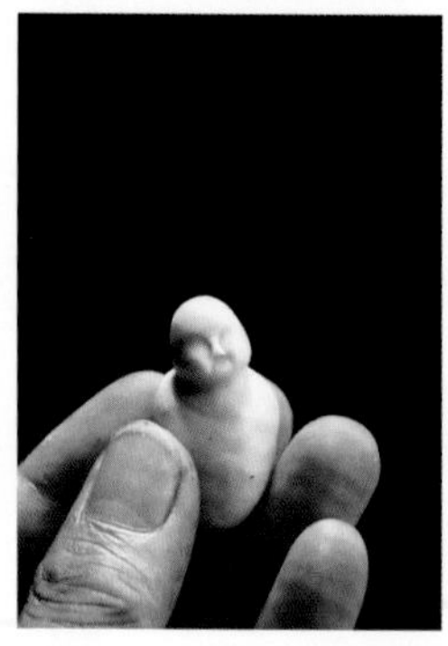

29. 定出鼻头的长度

30. 挑起鼻梁，塑出嘴

31. 做出眼眶

32. 挑开眼睛

33. 做出眉毛

34. 做出耳朵

35. 装上头顶上的头发

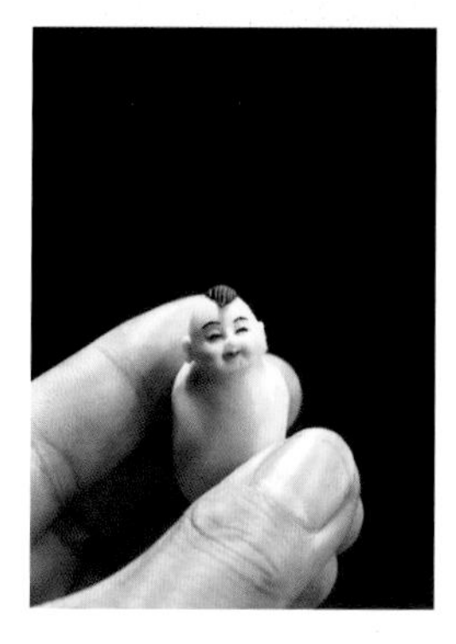

36. 画出嘴和腮红

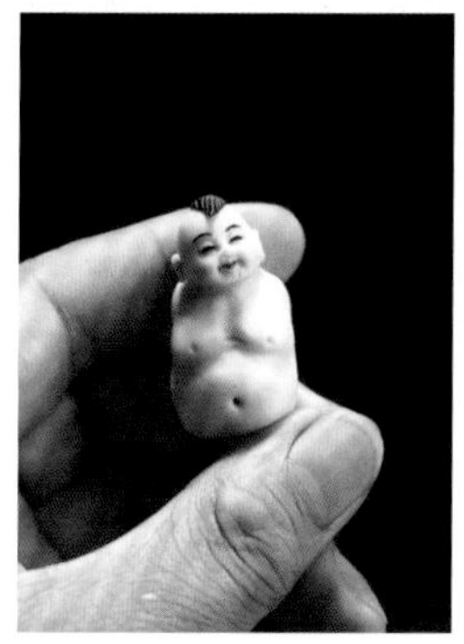

37. 塑出胸部和肚子

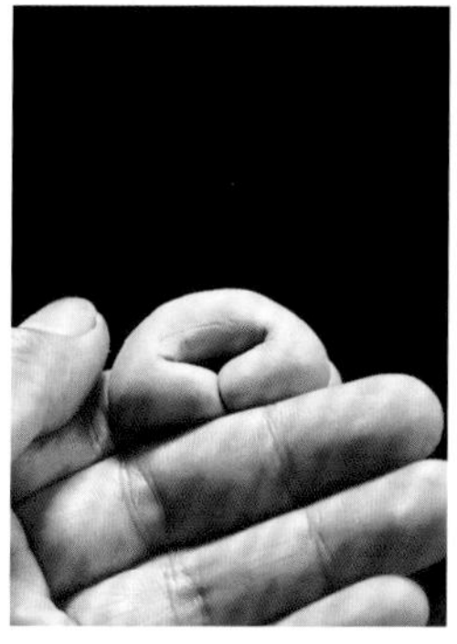

38. 用紫色面团做出盘着的腿部

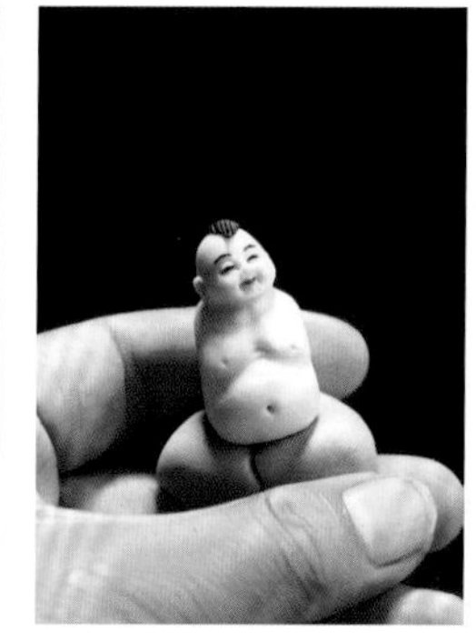

39. 接上上身

40. 划出下身的衣褶

41. 用大红色面团做出上衣

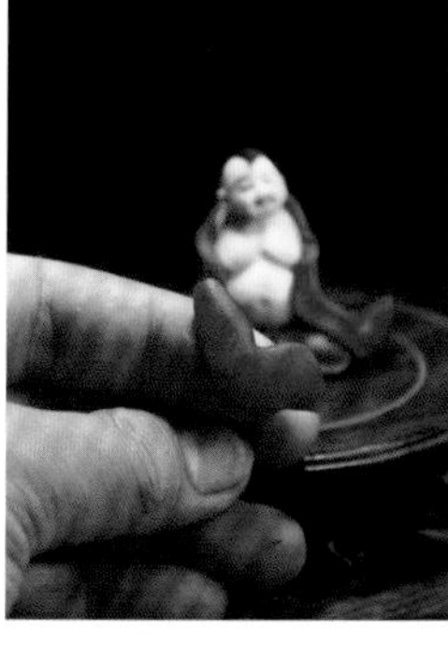

42. 做出袖子大形

43. 划出衣褶

44. 装上袖子

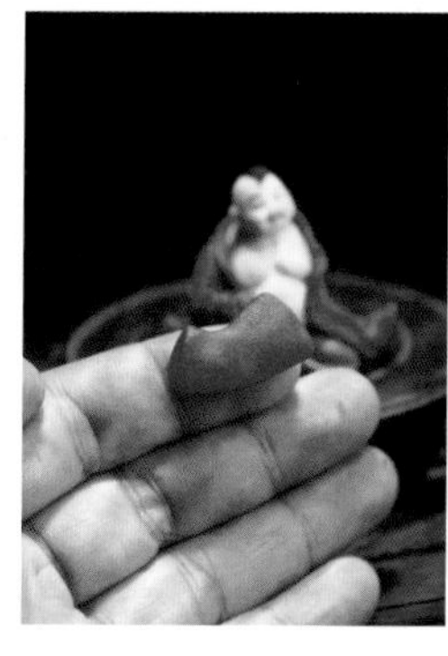

45. 再做出另一只袖子大形

46. 做出衣褶

47. 装上另一只袖子

48. 做出一只手装上

49. 做出一个钵放在手上

50. 用绿色面团做出飘带装上

51. 将两个小孩组装到一起

52. 再用铜丝做出光环即成

送财弥勒

SongCaiMiLe

分步图解

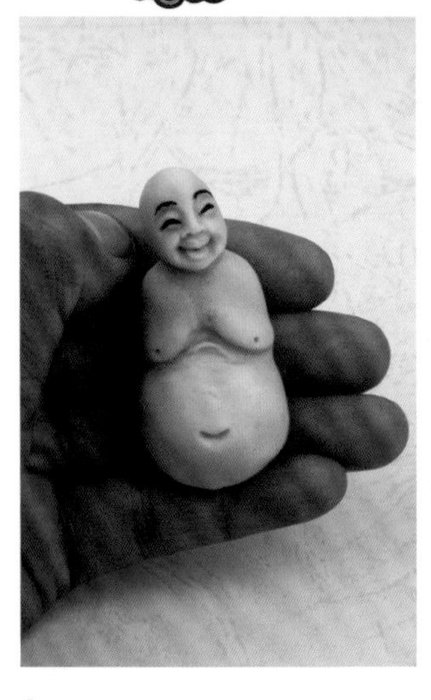

1. 用肉色面团做出弥勒菩萨的上身

2. 用淡蓝色面团，擀成薄片作为衣服

3. 塑出下身，按压出衣褶

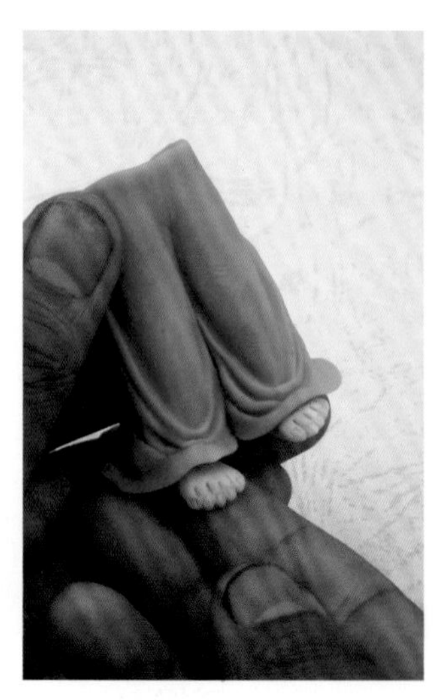

4. 做出脚并装上

5. 接上身体

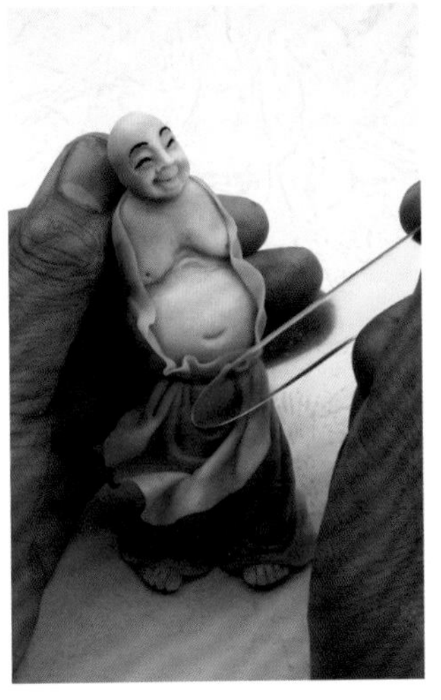

6. 另取一块面团擀成薄片做出衣服前摆

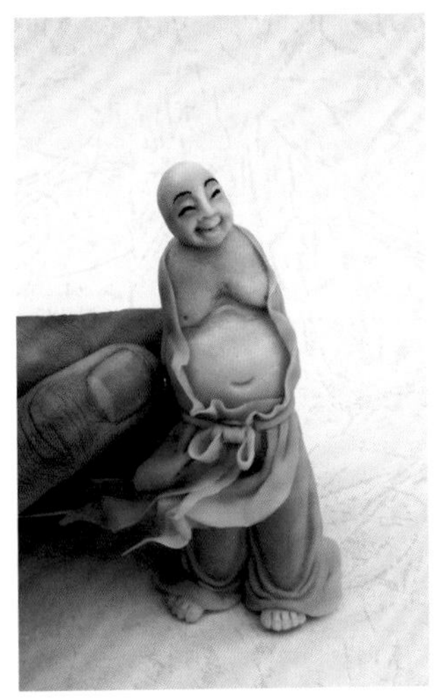

7. 再做出腰带装上

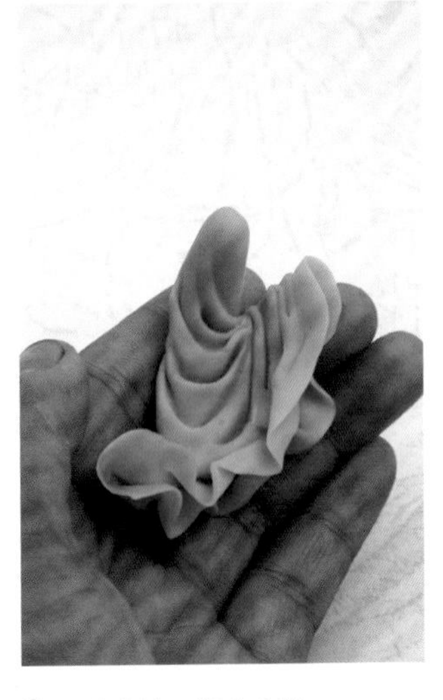

8. 做出右袖，塑出衣褶

9. 装上衣袖

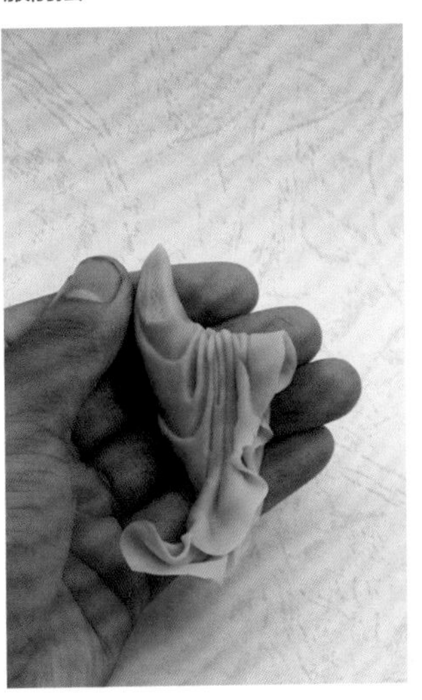

10. 做出左袖

11. 装上左袖

12. 做出耳朵

13. 做出双手和佛珠并装上

14. 再塑出一个如意和两个蝙蝠，组装

15. 塑出布袋和背光，组装即可

观音菩萨

GuanYinPuSa

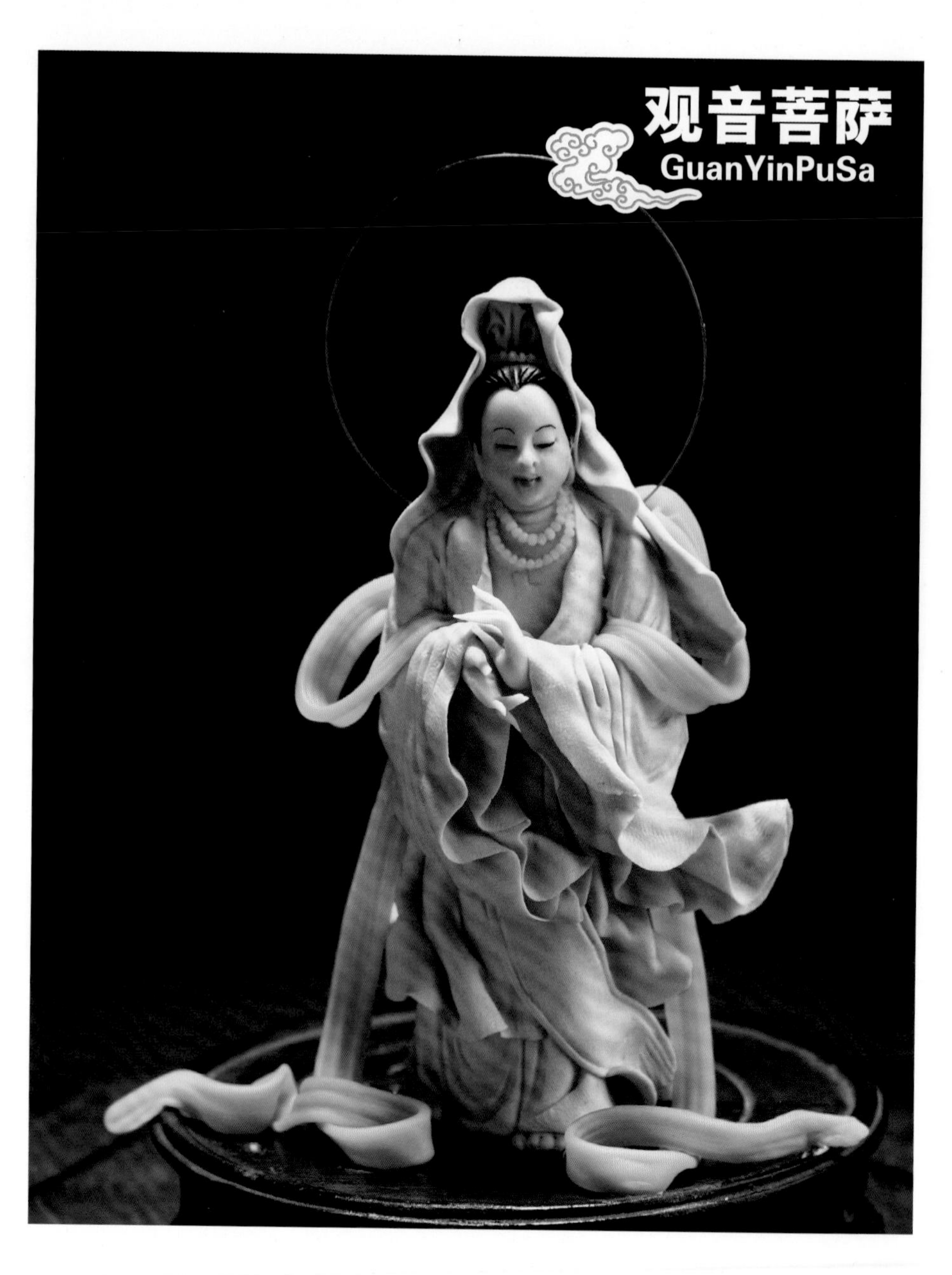

分步图解

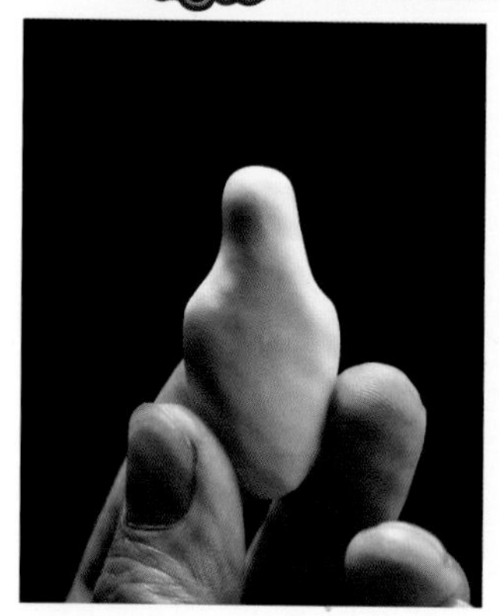

1. 取肉色面团一块，塑出上身大形

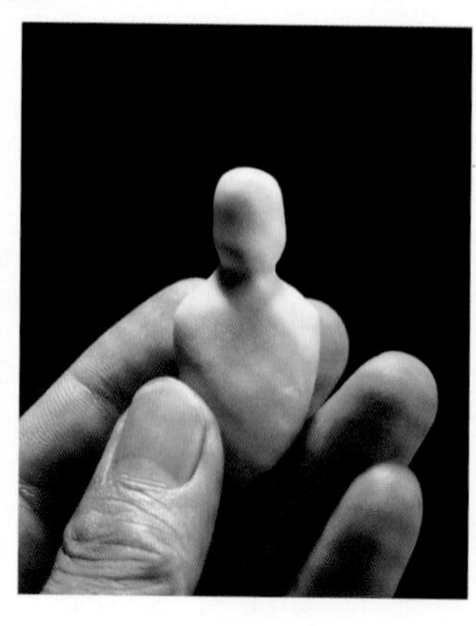

2. 压出脖子，塑出头部造型

3. 塑出眉骨和鼻梁

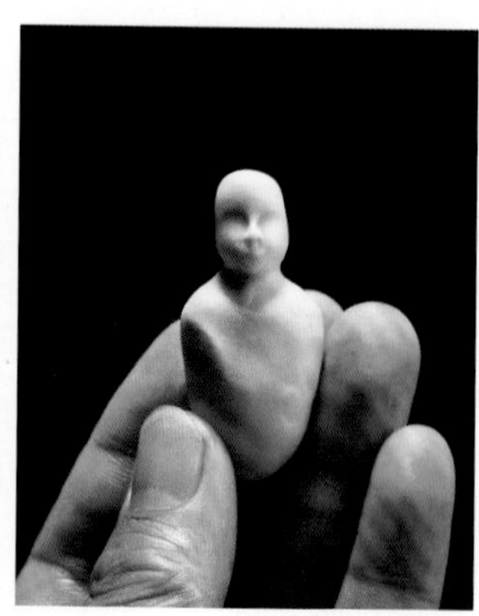

4. 塑出鼻子，挑出鼻孔

5. 做出嘴

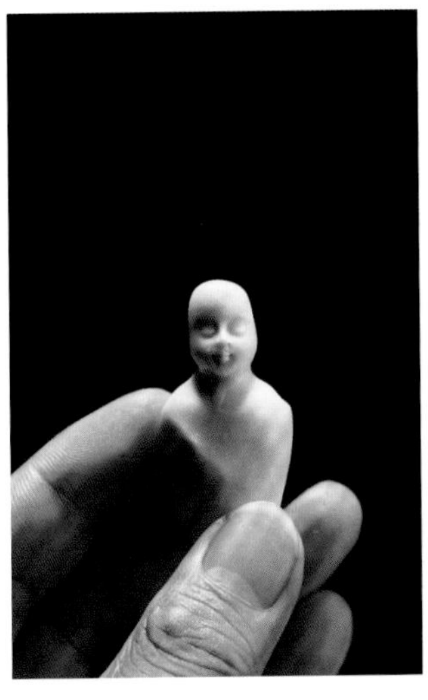

6. 塑出眼圈

7. 切除眼睛，微闭

8. 用黑色面团装上眼睛

9. 装上眉毛

10. 装上耳朵

11. 装上头发，切出发丝

12. 画上嘴唇和腮红

13. 做出胸部佛教标志

14. 取一块粉色面团擀成长片状，做出上衣，塑出衣褶

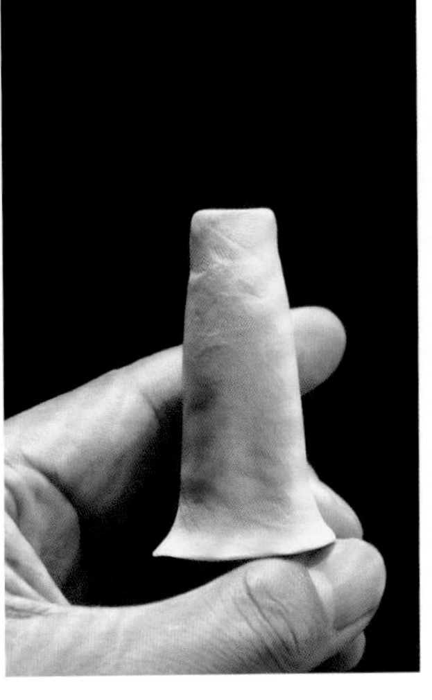

15. 取一块粉色面团，塑出下身

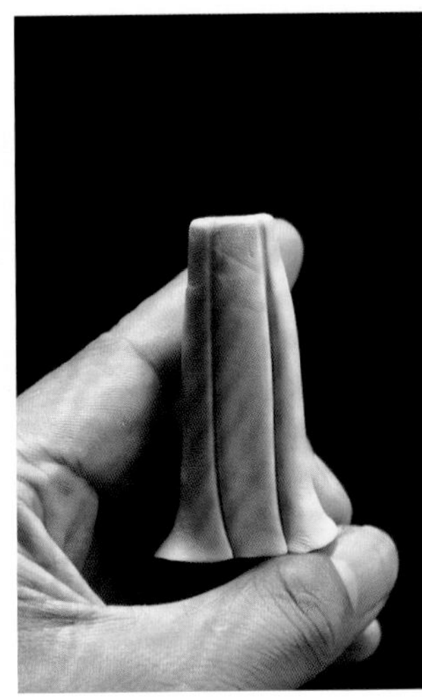

16. 切出衣褶

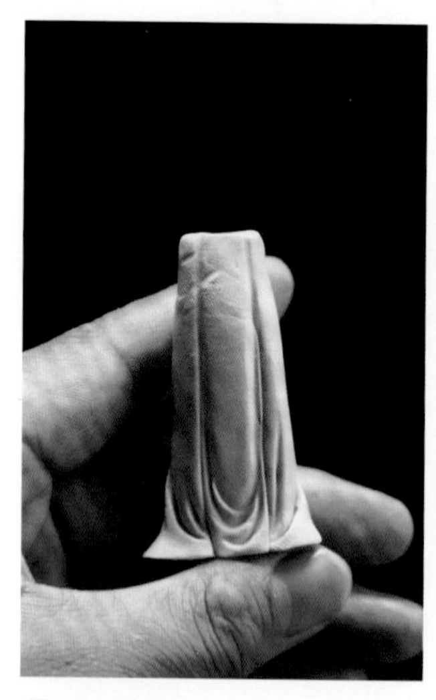

17. 塑出衣褶

18. 接上上身

19. 再用面团擀一大长片，作为裙子

20. 做出一条大饰带，并装上

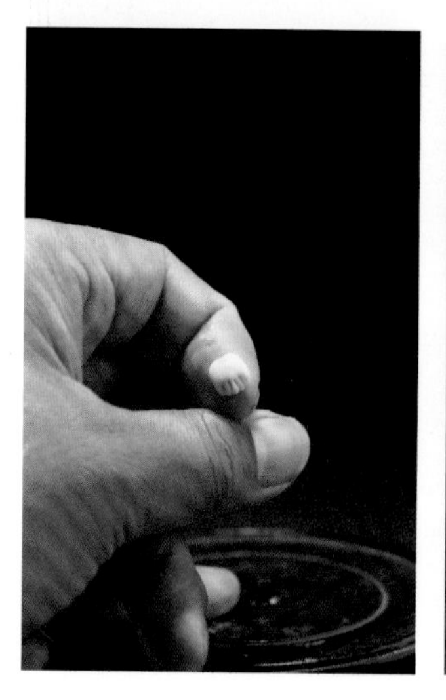

21. 塑出脚

22. 装上脚

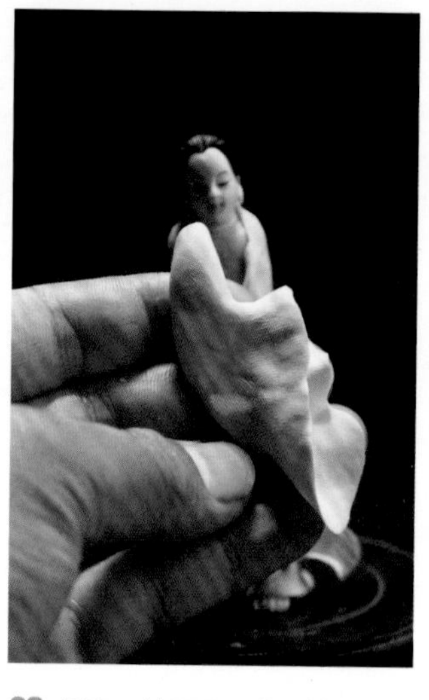

23. 另取一块面团，塑出左边的袖子形状

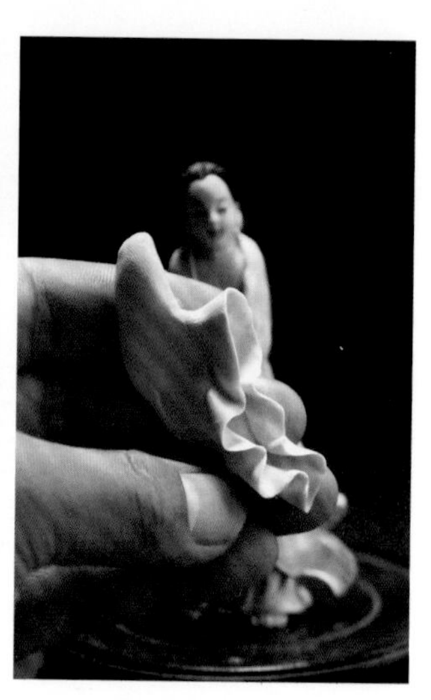

24. 塑出袖口褶子

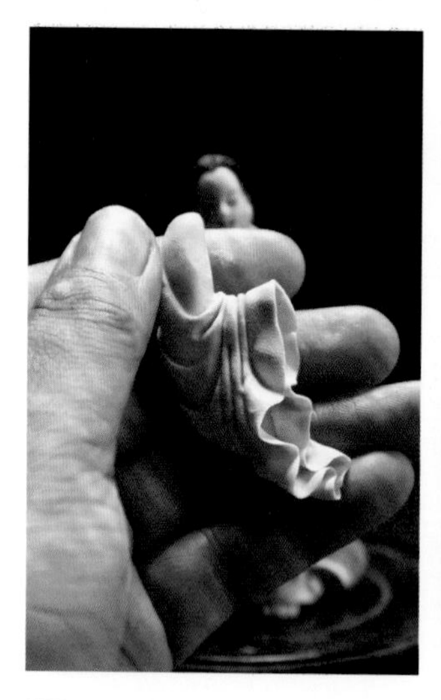

25. 切出衣褶

26. 装上袖子

27. 塑出右边的袖子形状

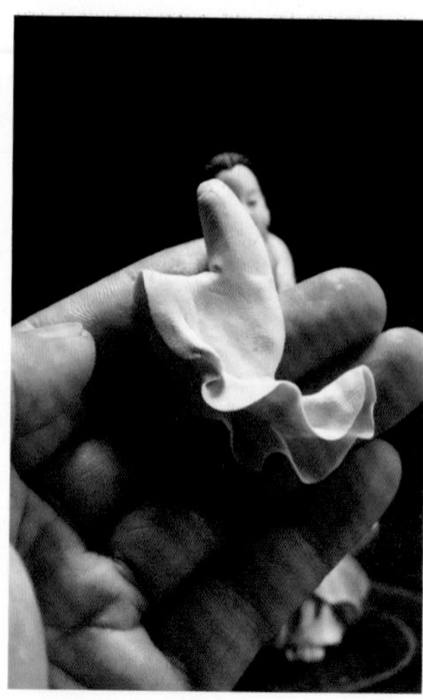

28. 塑出褶子

29. 切出褶子，装上袖子

30. 装上发髻

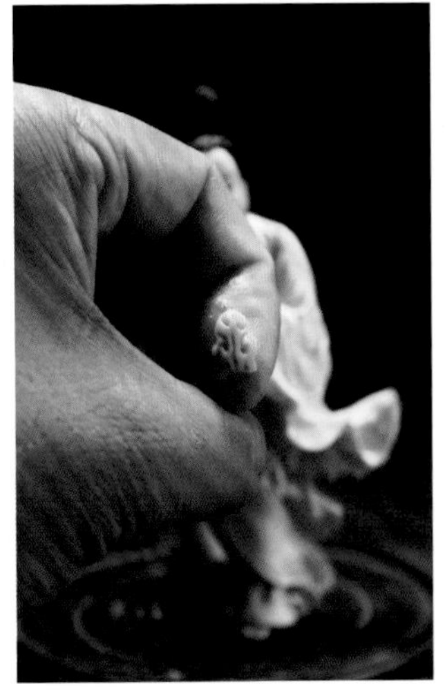

31. 用绿色面团做出发髻上的装饰玉

32. 装上装饰玉

33. 用黄色面团，做出串珠装在装饰玉下面

34. 再用粉色面团擀一椭圆形面片，装在头上，作为披肩

35. 做出一只手装上

36. 做出另一只手装上

37. 用黄色面团做出串珠，装在脖子上

38. 用铜丝做出背后的光环装上

39. 用绿色面团做出飘带，并装上

第三部分

面塑精品展示

盘饰面塑展示

秋菊
秋菊
QiuJü

冬梅
冬梅
DongMei

大丽红
DaLiHong

硕果累累
ShuoGuoLeiLei

争艳
ZhengYan

丰收
FengShou

动物面塑展示

豹
Bao

虎威
HuWei

人物面塑展示

拜月
BaiYue

风雪夜
FengXueYe

借问酒家何处有

JieWenJiuJiaHeChuYou

孝心
XiaoXin

乐
Le

憩
Qi

罗汉五尊
LuoHanWuZun

送财来
SongCaiLai

红娘传书
HongNiangChuanShu

春风戏纸鸢
ChunFengXiZhiYuan

马上武将

MaShangWuJiang

麒麟天将
QiLinTianJiang

送子
SongZi

麒麟送子
QiLinSongZi

巾帼英雄
JinGuoYingXiong

渡海献寿
DuHaiXianShou

紫气东来

ZiQiDongLai

赶考
GanKao

花园题字
HuaYuanTiZi

静思
JingSi

奔月仙子
BenYueXianZi

麻姑献寿
MaGuXianShou

贵妃赏花
GuiFeiShangHua

点化
DianHua

观音普度

GuanYinPuDu

西厢
XiXiang

寿比南山

ShouBiNanShan

寿星
ShouXing

福从天来
FuCongTianLai

齐天大圣
QiTianDaSheng

读春秋
DuChunQiu

挂印封金
GuaYinFengJin

武圣
WuSheng

伽蓝关公
QieLanGuanGong

伽蓝韦陀
QieLanWeiTuo

猛张翼德
MengZhangYiDe

横刀立马
HengDaoLiMa

钟馗神威
ZhongKuiShenWei

巨灵天神

JuLingTianShen

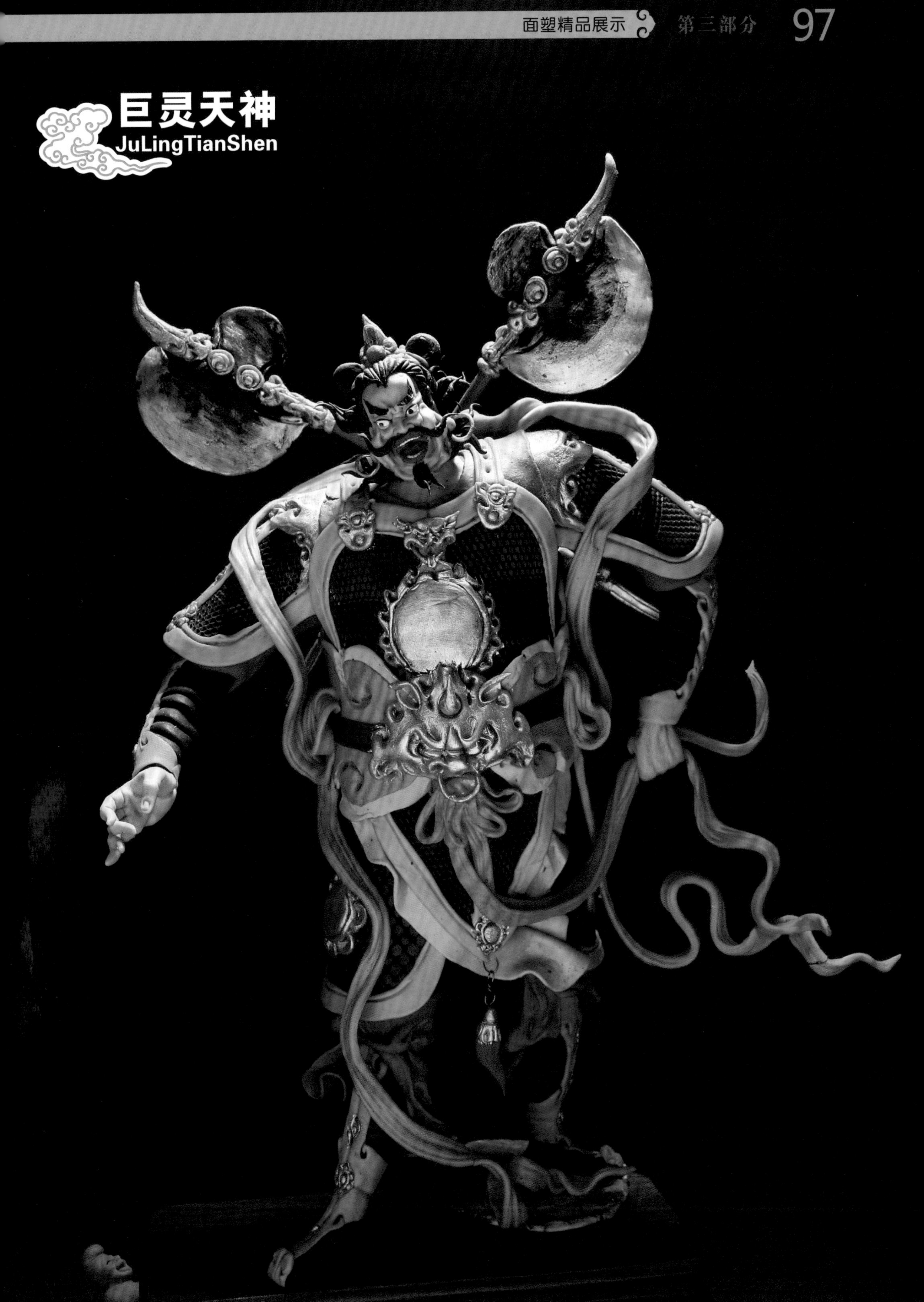

持国天王
ChiGuoTianWang

多闻天王
DuoWenTianWang

增长天王
ZengZhangTianWang

广目天王
GuangMuTianWang

南海观音
NanHaiGuanYin

菩萨
PuSa

财神到
CaiShenDao